国家出版基金项目
NATIONAL PUBLICATION FOUNDATION

民机飞行控制技术系列

主编 李 明

民机飞控系统
适航性设计与验证

Airworthiness Design and Verification of Civil Aircraft Flight Control System

欧旭坡 朱 亮 徐东光 编著

上海交通大学出版社
SHANGHAI JIAO TONG UNIVERSITY PRESS

内容提要

　　本书根据作者在飞机设计领域、适航审定领域内数十年的研究成果和工程实践经验总结和提炼而成,以民用飞机飞行控制系统为对象,介绍了民用飞机飞行控制系统设计、开发、适航审定与验证过程。本书全面涵盖了民用飞机电传飞行控制系统,从需求、操纵性/稳定性与飞行品质要求、飞行控制系统体系结构设计、飞行控制系统的设计原理和方法、飞行控制系统适航条款分析、飞行控制系统适航符合性验证一般过程以及适航关注的典型问题等。

　　本书可为从事民机飞行控制系统适航性设计及验证的人员提供参考。

图书在版编目(CIP)数据

民机飞控系统适航性设计与验证/欧旭坡,朱亮,徐东光
编著.—上海:上海交通大学出版社,2015
　(大飞机出版工程)
　ISBN 978 - 7 - 313 - 14176 - 7

　Ⅰ.①民… Ⅱ.①欧…②朱…③徐… Ⅲ.①民用飞机—
飞行控制系统 Ⅳ.①V249.122

　中国版本图书馆 CIP 数据核字(2015)第 288834 号

民机飞控系统适航性设计与验证

编　　著　欧旭坡　朱　亮　徐东光
出版发行：上海交通大学出版社　　　　　　　地　　址：上海市番禺路 951 号
邮政编码：200030　　　　　　　　　　　　电　　话：021 - 64071208
出 版 人：韩建民
印　　制：上海天地海设计印刷有限公司　　　经　　销：全国新华书店
开　　本：787mm×1092mm　1/16　　　　　印　　张：12.25
字　　数：234 千字
版　　次：2015 年 12 月第 1 版　　　　　　　印　　次：2015 年 12 月第 1 次印刷
书　　号：ISBN 978 - 7 - 313 - 14176 - 7/V
定　　价：65.00 元

大飞机出版工程

丛书编委会

大飞机出版工程

总　　序

　　国务院在 2007 年 2 月底批准了大型飞机研制重大科技专项正式立项,得到全国上下各方面的关注。"大型飞机"工程项目作为创新型国家的标志工程重新燃起我们国家和人民共同承载着"航空报国梦"的巨大热情。对于所有从事航空事业的工作者,这是历史赋予的使命和挑战。

　　1903 年 12 月 17 日,美国莱特兄弟制作的世界第一架有动力、可操纵、比重大于空气的载人飞行器试飞成功,标志着人类飞行的梦想变成了现实。飞机作为 20 世纪最重大的科技成果之一,是人类科技创新能力与工业化生产形式相结合的产物,也是现代科学技术的集大成者。军事和民生对飞机的需求促进了飞机迅速而不间断的发展和应用,体现了当代科学技术的最新成果;而航空领域的持续探索和不断创新,为诸多学科的发展和相关技术的突破提供了强劲动力。航空工业已经成为知识密集、技术密集、高附加值、低消耗的产业。

　　从大型飞机工程项目开始论证到确定为《国家中长期科学和技术发展规划纲要》的十六个重大专项之一,直至立项通过,不仅使全国上下重视起我国自主航空事业,而且使我们的人民、政府理解了我国航空事业半个世纪发展的艰辛和成绩。大型飞机重大专项正式立项和启动使我们的民用航空进入新纪元。经过 50 多年的风雨历程,当今中国的航空工业已经步入了科学、理性的发展轨道。大型客机项目其产业链长、辐射面宽、对国家综合实力带动性强,在国民经济发展和科学技术进步中发挥着重要作用,我国的航空工业迎来了新的发展机遇。

　　大型飞机的研制承载着中国几代航空人的梦想,在 2016 年造出与波音 B737 和空客 A320 改进型一样先进的"国产大飞机"已经成为每个航空人心中奋斗的目标。然而,大型飞机覆盖了机械、电子、材料、冶金、仪器仪表、化工等几乎所有工业门类,集成了数学、空气动力学、材料学、人机工程学、自动控制学等多种学科,是一个复杂的科技创新系统。为了迎接新形势下理论、技术和工程等方面的严峻挑战,迫切需要引入、借鉴国外的优秀出版物和数据资料,总结、巩固我们的经验和成果,编著一套以"大飞机"为主题的丛书,借以推动服务"大型飞机"作为推动服务整个航空科学的切入点,同时对于促进我国航空事业的发展和加快航空紧缺人才的培养,具有十分重要的现实意义和深远的历史意义。

2008 年 5 月,中国商用飞机有限公司成立之初,上海交通大学出版社就开始酝酿"大飞机出版工程",这是一项非常适合"大飞机"研制工作时宜的事业。新中国第一位飞机设计宗师——徐舜寿同志在领导我们研制中国第一架喷气式歼击教练机——歼教 1 时,亲自撰写了《飞机性能及算法》,及时编译了第一部《英汉航空工程名词字典》,翻译出版了《飞机构造学》《飞机强度学》,从理论上保证了我们飞机研制工作。我本人作为航空事业发展 50 年的见证人,欣然接受了上海交通大学出版社的邀请担任该丛书的主编,希望为我国的"大型飞机"研制发展出一份力。出版社同时也邀请了王礼恒院士、金德琨研究员、吴光辉总设计师、陈迎春副总设计师等航空领域专家撰写专著、精选书目,承担翻译、审校等工作,以确保这套"大飞机"丛书具有高品质和重大的社会价值,为我国的大飞机研制以及学科发展提供参考和智力支持。

编著这套丛书,一是总结整理 50 多年来航空科学技术的重要成果及宝贵经验;二是优化航空专业技术教材体系,为飞机设计技术人员培养提供一套系统、全面的教科书,满足人才培养对教材的迫切需求;三是为大飞机研制提供有力的技术保障;四是将许多专家、教授、学者广博的学识见解和丰富的实践经验总结继承下来,旨在从系统性、完整性和实用性角度出发,把丰富的实践经验进一步理论化、科学化,形成具有我国特色的"大飞机"理论与实践相结合的知识体系。

"大飞机"丛书主要涵盖了总体气动、航空发动机、结构强度、航电、制造等专业方向,知识领域覆盖我国国产大飞机的关键技术。图书类别分为译著、专著、教材、工具书等几个模块;其内容既包括领域内专家们最先进的理论方法和技术成果,也包括来自飞机设计第一线的理论和实践成果。如：2009年出版的荷兰原福克飞机公司总师撰写的 *Aerodynamic Design of Transport Aircraft*（《运输类飞机的空气动力设计》），由美国堪萨斯大学2008年出版的 *Aircraft Propulsion*（《飞机推进》）等国外最新科技的结晶；国内《民用飞机总体设计》等总体阐述之作和《涡量动力学》《民用飞机气动设计》等专业细分的著作；也有《民机设计1000问》《英汉航空双向词典》等工具类图书。

该套图书得到国家出版基金资助，体现了国家对"大型飞机项目"以及"大飞机出版工程"这套丛书的高度重视。这套丛书承担着记载与弘扬科技成就、积累和传播科技知识的使命，凝结了国内外航空领域专业人士的智慧和成果，具有较强的系统性、完整性、实用性和技术前瞻性，既可作为实际工作指导用书，亦可作为相关专业人员的学习参考用书。期望这套丛书能够有益于航空领域里人才的培养，有益于航空工业的发展，有益于大飞机的成功研制。同时，希望能为大飞机工程吸引更多的读者来关心航空、支持航空和热爱航空，并投身于中国航空事业做出一点贡献。

2009 年 12 月 15 日

序

大飞机工程是我国推进创新型国家建设的重要标志性工程。为了配合大飞机的研制,在国家出版基金的资助下,上海交通大学出版社成功策划出版了"大飞机出版工程",旨在为大飞机研制提供智力支持。"民机飞行控制技术系列"是"大飞机出版工程"系列图书之一。

现代飞行控制技术是现代军机、民机的主要关键技术之一。以电传操纵技术为核心的现代飞行控制系统是现代飞机的飞行安全关键系统,是现代飞机上体现信息化与机械化深度融合的典型标志。飞行控制技术也是大型民机确保安全性、突出经济性、提高可靠性、改善舒适性和强调环保性的重要技术。

1903 年,莱特兄弟在前人研究的基础上,重点解决了飞机三轴可控问题,实现了动力飞机的首次飞行。此后的 60 年,驾驶员利用机械操纵系统来控制稳定飞机飞行,形成了经典的飞行控制系统。飞机机械操纵系统在自动控制技术的辅助下,解决了对飞机性能和任务能力需求不断增长所遇到的一些重大问题——稳定性,稳定性与操纵性的矛盾,精确、安全的航迹控制,以及驾驶员工作负荷等问题。20 世纪 60 年代至 70 年代初发展起来的主动控制技术和电传飞行控制系统对飞机发展具有划时代的意义,改变了传统的飞机设计理念和方法论,使飞机的性能和执行任务的能力上了一个新台阶。这两项技术已成为第三代军机和先进民机的典型标志,同时也为第四代军机控制功能综合以及控制与管理综合建立了支撑平台。在人们对飞机飞行性能的不断追求和实现的过程中,飞行控制系统发挥着越来越重要的作用,飞行控制系统的创新研究、优化设计和有效工程实现对现代飞机的功能和性能的提高起着至关重要的作用。

我国的军机飞行控制系统经过五十多年的研究、设计、试验、试飞、生产和使用的实践,已积累了丰富的经验,并取得了大量的成果,在各型军机上得到了广泛的应用,但民机飞行控制系统的研发经验仍相对薄弱。总结现代军机飞行控制系统研发经验,分析和借鉴世界先进民机飞行控制系统新技术,对助力我国大型民机的自主研发是十分必要且意义重大的。

本系列丛书编著目标是:总结我国军/民领域的飞行控制技术的理论研究成果和工程经验,介绍国外最先进的民机飞行控制技术的理念、理论和方法,助力我国科研人员以国际先进水平为起点,开展我国民机飞行控制技术的自主研究、开发和原始创新。本系列丛书编著的指导思想和原则是:内容应覆盖民机飞行控制技术的各重要专业;要介绍当今重要的、成功的型号项目,如波音系列和空客系列的飞行控制技术,也要重视方向性的探索和研究;要简明介绍技术与方法的理论依据,以便读者知其然,也知其所以然;要概述民机飞行控制技术的各主要专业领域的基本情况,使读者有全面的、清晰的了解;要重视编著的准确性以及全系列丛书的一致性。

本系列丛书包括《飞行控制系统设计和实现中的问题》《民机液压系统》《民机飞行控制系统设计的理论与方法》《民机传感器系统》等专著。其中王少萍教授的专著《民机液压系统》(英文版),已经输出版权至爱思唯尔(Elsevier)出版集团,增强了我国民机飞控技术的国际影响力。

在我国飞行控制领域的资深专家李明院士、陈宗基教授和张汝麟研究员的主持下,这套丛书的编委会由北京航空航天大学、清华大学、西北工业大学、南京航空航天大学、中航工业西安飞行自动控制研究所、中航工业沈阳飞机设计研究所、中航工业成都飞机设计研究所、中航第一飞机设计研究院、中航工业航空动力控制系统研究所、中国航空工业集团公司、中国商用飞机有限责任公司等航空院所和公司的飞控专家、学者组建而成。他们在飞行控制领域有着突出的贡献、渊博的学识和丰富的实践经验,他们对于本系列图书内容的确定和把关、大纲的审定和完善都发挥了不可替代的重要作用。

上海交通大学出版社"大飞机出版工程"项目组以他们成熟的管理制度和保障体系,组织和调动了丛书编委会和丛书作者的积极性和创作热情。在大家的不懈努力下,这套图书终于完整地呈现在读者的面前。

本系列图书得到国家出版基金的资助,充分体现了国家对"大飞机工程"的高度重视,希望该套图书的出版能够达到本系列丛书预期的编著目标。我们衷心感谢参与本系列图书编撰工作的所有编著者,以及所有直接或间接参与本系列图书审校工作的专家、学者的辛勤工作,希望本系列图书能为民机飞行控制技术现代化和国产化发展做出应有的贡献!

民机飞行控制技术系列编委会

2015 年 3 月

作者简介

  欧旭坡，南京航空航天大学博士，研究员级高级工程师，现任中国民航上海审定中心副主任，中国民航 C919 型号合格审查组组长。曾在成都飞机工业公司技术中心先后担任飞机设计员、专业设计组长、总体室副主任、中心副主任以及成飞公司计划处副处长等职。曾担任中航商飞总经理助理（计划财务部长）及成都威特电喷公司总经理。主要研究方向为飞机设计、经营及项目管理、适航及适航审定等。

  朱亮，南京航空航天大学博士，博士后，高级工程师。现在中航工业信息技术中心从事有关系统工程和适航审定的培训和业务咨询工作。曾在中国民航上海审定中心工作。主要研究方向为航空产品研发体系、飞行控制系统、安全性评估、驾驶舱与人为因素、机载软硬件等相关的适航标准制定、解释以及型号审查等。

  徐东光，哈尔滨工业大学工学博士，研究员级高级工程师，现任中国商飞公司上海飞机设计研究院飞控部 C919 型号副主任设计师，C919 飞机飞行控制系统 DER。曾任哈尔滨飞机工业集团飞机设计研究所 Y12 飞机主任设计师。主要研究方向为民机飞行控制系统设计及适航。

前　　言

民用飞机的飞行控制系统是保证民用飞机安全飞行的重要分系统。随着技术的不断发展和升级，以复杂硬件、软件综合形式实现的电传飞行控制系统已经成为民用飞机飞行控制系统的主流形式。

适航，即适航性的简称，其英文是 airworthiness。美国《民用航空系统及设备的安全性评估方法与指南》(SAE ARP4761)把"适航性"定义为"飞机、飞机系统及部件安全运行并实现其预定功能的状态"。美国《军机适航性审定标准》(MIL-HDBK-516B)把"适航性"定义为"航空器系统在规定的使用范围和限制内能够安全地开始、保持和完成飞行的特性"。随着航空科学技术的进步和民用航空的发展，以及对航空安全认识的深化，"适航性"问题已经由民用航空器外延至军事、海关、警察等部门使用的国家航空器、军用航空器、无人飞行器和载人航天器。

尽管我国在电传飞行控制系统理论研究和工程实践等方面已经取得了举世瞩目的成就，但在民用航空领域当前已有型号的电传飞行控制系统无论从功能要求、架构设计到结构组成都与欧美主流机型的电传飞行控制系统存在一定差距。同时，实践经验也表明我国的民用飞机电传飞行控制系统在面向适航要求的设计技术和验证技术等方面，还需进一步总结和提升。

本书的编撰是根据作者在飞机设计领域、适航审定领域内数十年的研究成果和工程实践经验总结和提炼而成。本书以电传飞控系统为特定对象，第一次从民机适航性设计和审定的角度，阐述了符合民用适航规章和工业标准要求的电传飞行控制系统设计过程、相关设计技术、验证技术和需要重点关注的适航性问题。作者希望本书能够为读者了解民机产品的研发活动、掌握电传飞行控制系统的研制提供专业的研究资料。

本书共6章。第1章为飞机飞行操纵系统发展历程及趋势介绍；第2章为民机电传飞行控制系统的研制；第3章为民机电传飞行控制系统适航规章要求；第4章为面向适航的电传飞行控制系统的设计；第5章为面向适航的电传飞行控制系统验证；第6章为电传飞行控制系统研制中的典型适航关注问题。该书由欧旭坡、徐东光和朱亮共同编撰，欧旭坡最后统稿。

　　最后,感谢为本书顺利出版给予关心、帮助和支持的所有人。特别感谢李明院士为本书的编著方向提供了指导,高亚奎研究员审阅了本书全稿并提出诸多建设性意见。同时感谢为本书出版做了大量图文工作的上海交通大学出版社的同志们。

　　由于作者学识水平有限,书中存在的缺点和不足恳请读者批评指正。

目　　录

1　飞机飞行操纵系统

自 1903 年诞生第一架有动力的飞机起,控制飞机运动的飞机操纵系统就已出现,并一直伴随着飞机性能的提高而不断发展,同时,其发展结果又促进了飞机性能的提升。飞行操纵系统按控制指令的方式和来源不同,分为人工飞行操纵系统和自动飞行控制系统。早期的飞行控制系统包括二战前后一段时期内都采用的简单机械式操纵,直到复杂的机械操纵和电传飞行操纵系统的出现。

飞行操纵系统不仅要保证飞机的操纵性,还要保证飞机的稳定性。为了减轻驾驶员操纵飞机的工作负担,提高飞行安全性,大型民用飞机都较早地装备了自动驾驶仪,而小型飞机则较晚使用自动装置。

1.1　简单机械式操纵系统

简单机械式飞行操纵系统由操纵器件、拉杆、摇臂、滑轮(扇形轮)和钢索等组成。驾驶员需承受来自操纵面的全部气动载荷,因此,为减轻驾驶员的操纵负荷,通常采用调整片配平操纵力。

简单机械式操纵系统具有跟随性和稳定性好的特性,因而也具备很高的安全性和可靠性。只要系统的刚度、间隙、摩擦力在一定的范围内得到有效控制,其特性就可满足飞机的控制要求。但在空行程、摩擦力过大的情况下,可能会引起驾驶员的诱发振荡。简单机械式操纵系统如图 1-1 所示。

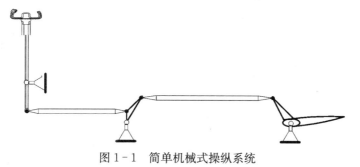

图 1-1　简单机械式操纵系统

1.2　可逆式助力操纵系统

随着飞机飞行包线的扩大,特别是亚声速飞行的出现,操纵面的气动力急剧增大,此时仅靠驾驶员的生理力值已无法控制操纵面,于是出现了可逆式助力飞行控制系统。所谓可逆式,就是驾驶员只承担部分反传的气动载荷,其操纵面大部分载荷由液压助力器承受,其反传的部分气动力同时也为驾驶员提供了一定的操纵力感特性,同样,其操纵力的配平仍靠操纵面的调整片。

由此,飞行控制系统发生了"质"的变化。由于引入了有"源"控制,系统随之出现稳定性和跟随性的问题,但由于助力器前操纵线系的作用,通常不可逆助力操纵系统的稳定性问题并不突出。可逆式助力操纵系统如图 1-2 所示。

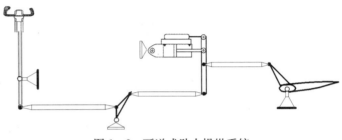

图 1-2　可逆式助力操纵系统

1.3　不可逆式助力操纵系统

由于飞机飞行高度、速度的增大,速压也进一步加大,操纵面气动铰链力矩增加,使驾驶员不可能承受。同时,由于飞行速度跨越亚、超声速区,操纵面的操纵功效也大大降低。由此出现了不可逆助力操纵系统(即动力操纵系统)。液压助力器承受全部气动载荷,驾驶员的操纵力感觉则由人工力感系统(包括载荷机构和配平机构)提供。此外,为满足整个飞行包线内的操纵性要求,必须优化助力器参数,控制好助力器滑阀摩擦力、内漏等参数,对助力器前段操纵线系的传动比、摩擦力也应控制在合理的范围内,避免可能产生的"力反传"、纵向飘摆和横向晃动(即俯仰轴和滚转轴驾驶员诱发振荡)等现象。不可逆式助理操纵系统如图 1-3 所示。

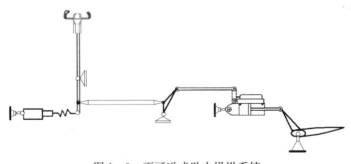

图 1-3　不可逆式助力操纵系统

1.4　自动装置的使用

自动装置包括人工阻尼器、增稳和自动驾驶仪等。人工阻尼器和增稳系统在分类上属人工飞行操纵系统，但在原理上却是自动装置。

在动力飞机出现前的 19 世纪，飞行器上只应用最简单的自动装置，用以改善飞行器的稳定性。由于此前飞机设计师对飞机飞行动力学知识的不足，设计出来的飞机常出现不稳定现象，有些甚至难以控制，于是就在飞机上设计安装一种简单的自动装置。直到 1914 年前后，飞机设计师才逐步掌握了飞机稳定的规律。近代超声速飞机在高空高速飞行时，由于飞机动稳定性或阻尼（纵向或横航向）不足，往往易出现不良的荷兰滚和发散的惯性交感运动。因此，在飞行控制系统中交联了一种自动装置——人工阻尼器或增稳系统（stability augmentation system，SAS），而应用较多的是偏航阻尼器，如图 1 - 4 所示。

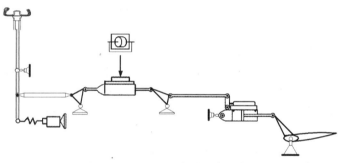

图 1 - 4　人工阻尼或增稳自动装置

1.5　控制增稳系统(CSAS)

人工阻尼器或增稳系统虽然有效地改善了飞机的稳定性，但也降低了操纵功效，削弱了飞机的操纵性。此外，机械系统固有的非线性特性（如死区、间隙、摩擦等）、质量、刚度等对飞机的操纵性和稳定性也产生不良的影响。由此飞机设计师在增稳系统的基础上，把操纵器件的位移或杆力电信号引入自动装置中，从而形成了现代控制增稳系统（control stability augmentation system，CSAS），如图 1 - 5 所示。控制增稳系统的应用使飞机的操纵性、稳定性均得到了明显的提高。同时，为了避免串联作动器或串联作动器产生"硬故障"，从而对飞机的飞行安全带来影响，控制增稳系统的工作权限通常被限制在一定范围内，其权限一般不超过 30%，而人工阻尼器和增稳系统则不超过 10%。

1.6　电传操纵系统

纯机械操纵系统（fly-by-wire，FBW）在使用中暴露出许多缺点，如使用空间大、

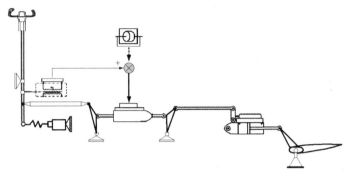

图 1-5 飞行控制增稳系统

摩擦和间隙易产生迟滞环等。为提高操纵性能,增强综合能力,现代飞机逐步采用了先进的控制操纵技术,电传操纵作为一种新型操纵方式,有效克服了传统机械操纵系统固有不良因素的影响,大大地改善了飞机的飞行品质。它布局方便,便于分散,有利于提高飞机的操纵精度和降低驾驶员操纵负荷。同时,电传操纵技术的发展也为主动控制技术发展提供了很好的技术基础,是发展主动控制技术各种功能的先决条件。特别地,随着控制理论、微电子、总线和计算机技术的飞速发展,为飞行操纵系统的进一步发展奠定了理论和工程实践的基础。于是,将控制增稳系统进一步发展、提高,将工作权限扩大到全权限并进行控制通道的冗余,这就形成了电传飞行操纵系统。

　　尽管机械操纵系统存在一些缺陷,但它最大的优点就是有较高的安全可靠性。安全可靠性对飞机来说至关重要,只有当电传操纵的安全可靠性超过或与机械操纵系统相当时,电传操纵系统才有实用价值。目前,单套电传操纵系统的故障率只有 10^{-3} 次/飞行小时,而按国外对军民用飞机因机械操纵系统故障所引起的致命结果统计:1952—1959 年民机事故为 2.31×0^{-7} 次/飞行小时;1962—1969 年民机事故为 1.19×10^{-7} 次/飞行小时;在此之后,事故率有所减少,约为 1×10^{-7} 次/飞行小时,按照这种统计数据,单套电传操纵系统已无法实现,只有采用余度技术。

　　但是,电传操纵系统也有其弱点,首先是由于高增益易引起的驾驶员诱发振荡;其次是其传输信号会受到电、磁等因素的干扰。为保证电传操纵系统的高安全性和可靠性的要求,即电传操纵系统的可靠性至少不低于,甚至高于机械式操纵系统,除要求采用高可靠性的元器件外,还必须采用余度技术。余度技术的采用,使系统结构复杂化、成本提高和重量有可能增加。围绕可靠性,飞行控制计算机的工作量和软件的任务量增加,除运算控制律外,余度管理、机内自检测运算等占用了一定的时间和空间。

1.7 光传操纵系统

　　光传飞行操纵系统(fly-by-light,FBL)利用光导纤维数据传输技术并采用无源光传感器,在飞行控制操纵器件、飞行控制计算机和飞行控制伺服作动器之间传输控制指令和信号,用以代替电传飞行控制系统各部件之间传输指令和信号的电缆。光传飞行控制系统的最大优点就是具有抗电磁干扰、抗核辐射电磁脉冲和抗雷电的能力,并可减轻传输线路的重量,降低使用成本,提高飞行的安全性。

光导纤维的优点是:

(1) 能有效地防止电磁感应、电磁干扰、电磁脉冲、雷电冲击、核爆炸的影响。

(2) 可传输宽频带、高速率、大容量信号,采用时分或频分复合技术实现多路信号传输。

(3) 不向外辐射能量,不存在地环流引起的干扰噪声。

(4) 用二氧化矽(SiO_2)制成的光导纤维,细而轻。

(5) 具有抗腐蚀性和抗热性。

(6) 具有优良的故障隔离性能。

国外于 20 世纪 60 年代就已开始验证光传飞行控制系统;70 年代初,在 YC-14 飞机上进行了光传飞行控制系统的飞行试验;1982 年 A-7D 飞机采用光传飞行控制系统进行了 20 多架次的飞行试验,1984 年在 UH-60A 黑鹰直升机上也进行了先进数字式光传飞行控制系统的飞行试验;20 世纪 90 年代,NASA 进行了光驱伺服作动器的研究,并就 NASA F-18 舰载机进行了光传飞行控制系统的飞行试验。目前,日本的 P-1 反潜机飞行控制系统已经采用光传操纵系统。同时,日本的五代机也准备采用光传操纵系统。

1.8　我国飞机的电传操纵系统简述

我国军机在电传操纵系统领域具有较好的基础研究及工程实践。20 世纪 80 年代自行设计了 J8ⅡACT 验证机,先后实现了模拟式电传、数字式电传、放宽纵向静安定性等功能;完成了歼 10 系列飞机电传飞行操纵系统的设计,实现了多项主动控制功能,已列装部队;歼轰 7A 飞机采用的数字式飞行操纵系统是我国自行研制的,自动飞行功能齐全,并拥有较强控制增稳能力;歼 20 飞机是我国自行研制的具有世界先进水平的五代机,采用数字电传飞行操纵系统,功能更为强大,目前,正处于试飞验证阶段。另外,我国的歼 11 系列飞机、歼 15、歼 31 和运 20 等系列飞机也都采用了电传操纵系统。这些研制成果均值得借鉴,并应用于民机电传操纵系统的开发。

结合 MPC75 和 AE100 的方案设计,国内在一定程度上开展了民机电传和主动控制技术的研究及国际交流,并取得了初步的阶段性成果。尽管这些系统的开发和相关的技术储备为民机的电传操纵系统开发提供了宝贵的经验和技术基础,但是目前国内几款主流或新研制的民机上仍采用国外的技术和系统(设备),我国自主的技术和电传操纵系统要满足民用飞机的高安全性和经济性要求仍有较多的工作需要完成。

2 民机电传飞行控制系统的研制

2.1 民机电传飞行控制技术的发展历程

飞机电传飞行控制技术的发展大致经历了"基础研究→地面试验验证→空中飞行验证→应用于军用飞机→民机部分应用→民机采用全电传控制并实现主动控制功能"的发展过程。

西方发达国家非常重视电传控制技术的研究,对 FBW(fly-by-wire)/主控制技术(active control technology, ACT)等各项技术进行了系统性的理论研究和实践,在设计、设备制造、系统集成、地面试验验证和空中试飞验证等方面开展了大量的工作,为电传控制技术在飞机型号设计中的应用进行了充分的技术准备。

20 世纪 70 年代,美国 NASA 在 F-8C-CCV 第二期工程中实现了放宽静稳定性、阵风减缓及机动载荷控制等主动控制功能,之后又在采用电传控制的飞机上广泛应用了主动控制技术。

20 世纪 80 年代,美国在 AFTI/F-16 上研究了各种先进技术的综合,指明未来飞机必然是向主动控制和综合控制的方向发展。

在民用飞机领域,空客公司在 A320 飞机上率先应用了 FBW/ACT 技术,空客飞机(如 A320,A330/340,A350,A380 等)最突出的技术特点就是采用了电传控制和放宽静安定性、载荷减缓、包线保护等主动控制技术。FBW/ACT 等先进技术的采用使得空客公司具备了与波音公司技术抗衡的能力,并促使波音公司在 B777,B787 上也采用 FBW/ACT 技术。

飞机电传控制系统的研究和应用比较成熟的国家主要是美国和欧盟(法国、英国等)。由于他们的军用和民用飞机更新换代比较快,对飞机的性能要求比较高以及相关技术发展比较快等原因,使得他们在这方面走在世界的前列,他们的发展趋势也代表了当今世界该技术的发展方向。

基于 FBW/ACT,民机电传控制系统目前的典型的技术特征主要如下:

1)采用更高液压系统的压力

从传统的 3 000 psi① 提高到 5 000 psi,未来甚至到 8 000 psi,可提高效率,减小作

---

① psi 即磅/平方英寸,1 psi=6.895 kPa。

动器的体积和重量。

2）采用电动静液作动器（electrical hydraulic actuator，EHA）

电动静液作动器（EHA）是一种分布式的小型电动和电控液压作动系统。EHA完全由电力驱动，并且具备自供给的液压作动能力，不需要外在的液压系统，它将液压作动器、电力驱动泵、油箱、模态阀、外围阀门和电子控制单元集成为一体。采用EHA不需要很长的液压管路，因此，减轻了重量，提高了飞机的维修性、可靠性，增强了飞机的生存能力。

3）采用电备份液压作动器（electrical-back-up hydraulic actuator，EBHA）

电备份液压作动器是飞机机载机电系统多电技术的发展产物，其系统包括一个传统的伺服作动器通道和一个EHA备用通道，两通道驱动同一个作动器，即作动筒和活塞组件的动力可以来自传统液压伺服阀；也可以来自电机泵（备用），此时就是作为EHA工作。在F-18战斗机，A380，A400M军用运输机上，方向舵和阻流片均采用EBHA。

4）采用系统功能综合

为获得减少系统延迟、提高同步性、降低总线结构复杂性、减轻重量、减小体积，并使信号流更为合理等性能优势，可将自动飞行控制系统功能和高升力系统功能综合到主飞行控制系统计算机中，并将主飞行控制系统计算机CPU的处理能力提高5%～10%即可满足系统的计算要求，例如B787。

5）采用分布式控制

从安全性设计角度考虑，飞行控制系统计算机和作动器控制电子装置的内部采用指令监控架构，对计算过程进行表决，并且内置多类监控器，将指令发给REU并由其完成对PCU伺服控制，同时，将结果反馈到飞行控制计算机。

采用分布控制方式，即将计算机的一部分控制功能分给集成到PCU上的RUE中，这样，可以使得控制更为合理，提高效率。

6）采用主动控制技术

为改善飞机性能，采用主动控制技术，如放宽静稳定性、阵风减缓、乘坐品质改善等。

7）采用故障诊断与健康监控系统

故障诊断与健康监控系统将成为现代大型民机电传飞行控制系统重要的组成部分，其对提高民机的可靠性、安全性、经济性，减少维护成本，以及防止灾难事故的发生等都具有非常重要的意义。

2.2　典型的民用飞机电传飞行控制系统

2.2.1　B777 客机

B777客机的主飞行控制系统为电传飞行控制系统，它具有以下设计特点：

（1）控制面采用先进的控制律进行全时间控制。

（2）改进控制特性,保留常规系统的良好特性,去掉不良特性。

（3）提高可靠性和维修性。

（4）采用杆/盘、脚蹬操纵方式。

（5）采用"包线保护""主-主"的设计理念。

（6）系统采用了两类计算机,作动器控制电子装置(ACE)和主飞行计算机(PFC)。

ACE 主要是一种模拟设备,其功能是与飞行员控制传感器接口,并以模拟伺服回路控制作动器。系统有 4 个相同的 ACE,它将飞行员控制器位置和舵面位置信号转换成数字量,然后通过 ARINC629 总线传给 PFC。PFC 由英国 GEC-马可尼航空电子公司研制,其作用是计算控制律,它采用上述位置信号计算舵面指令,然后将舵面指令通过 RINC629 总线传回 ACE,由 ACE 转换成模拟信号,用来控制作动器。系统中有 3 个 PFC(即 3 个通道),每个 PFC 内有 3 组微处理器(即 3 条支路)。PFC 内部如果有一条支路发生故障,只切断那条支路,该通道仍可继续工作。如果有两条支路发生故障,则切断该通道。飞行员可选用备用控制模式,扳动驾驶舱内的直接模式开关,就可以将系统由数字系统转变为纯模拟系统(直接模式)。

（7）以机械控制的水平安定面和两对多功能扰流板作为系统的终极备份等。

2.2.2　A320 客机

A320 客机的主飞行控制系统为电传飞行控制系统(方向舵为机械控制系统),它具有以下设计特点:

（1）控制面采用先进的控制律进行全时间控制(方向舵除外)。

（2）改进控制特性,保留常规系统的良好特性,去掉不良特性。

（3）提高可靠性和维修性。

（4）采用侧杆、脚蹬控制方式。

（5）采用"包线限制""主-备"的设计理念。

（6）系统采用了两类计算机,主计算机和次计算机。

主飞行控制系统采用了两类计算机:两个 ELAC,提供升降舵、副翼和 THS 控制,为所有轴提供正常控制律(为四通道系统);3 个 SEC,提供扰流板、升降舵和THS 控制,仅能计算重构的控制律;两个 FAC,通过偏航阻尼器提供方向舵控制,也能计算方向舵行程限制和方向舵配平控制。A320 的电传系统还组合了阵风减载系统,系统的作用是把翼根处由阵风引起的总的对称向上弯曲力矩(由阵风载荷与 1 g引起)减小 15%,从而减轻机翼根部的结构。系统采用安装在机翼中心线上的垂直加速度计,加速度计信号先通过一个抗混涌滤波器,然后经飞行控制计算机送到阵风减载控制面(副翼和两个外侧扰流板)作动器,通过控制面的偏转来减轻阵风载荷。

（7）以机械控制的水平安定面和方向舵作为系统的终极备份等。

2.2.3　A330/A340 客机

A330/A340 客机的控制律基本上与 A320 的相同,它具有正常、备用和直接 3个等级,分别与不同的计算机故障相对应。正常和备用都是很精确地控制,飞机处于伺服回路内,可根据实际机动性能调整反馈。备用控制律在多数场合与正常控制律相同,但正常控制律具有全飞行包线保护,备用控制律只有部分包线保护。正常和备用控制律的侧驾驶杆俯仰指令为 G 指令,在杆处于中立位置时指令为 1 g。直接控制律基本上与机械操纵飞机相似,侧杆指令与舵面偏转成正比,伺服回路由飞行员闭合。A330/A340 的飞行控制主计算机(FCPC)基于英特尔 386 微处理器,3个主计算机由不同部门采用互不相同的途径研制,以避免公共误差。两个飞行控制辅助计算机(FCSC)基于英特尔 186 微处理器。还有两个飞行控制数据集中器(FCDC),使飞行控制系统与其他系统连接并提供隔离。这些计算机都是赛克斯坦航空电子公司制造的。计算机的两项主要任务是:①按控制律计算飞行控制或飞行控制律输入;②为舵面作动提供电信号。

2.2.4　A380 客机

A380 客机的电传操纵系统虽然具有很好的性能,但由于它是一种高增益系统,与普通飞行操纵系统有着本质的不同,容易由于其本身的变化或外界条件的突然改变产生飞行员诱发振荡。在设计时不能片面追求操纵性能,更要注意使它不易产生飞行员诱发振荡。对电传飞行控制系统必须进行彻底模拟、分析和验证,找出一切隐患,因此飞行试验至关重要,A380 飞机飞行控制系统功能如图 2-1 所示。

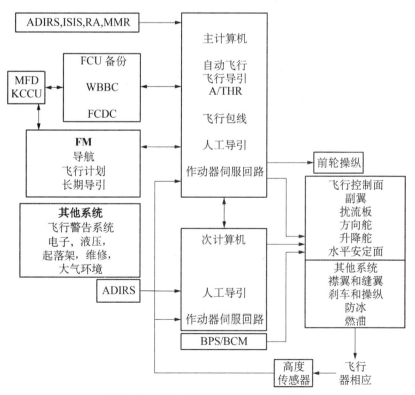

图 2-1　A380 飞机飞行控制系统功能

2.2.5　波音和空客公司电传飞行控制系统的设计理念分析

尽管波音公司和空客公司采用的设计理念不尽相同,但各种飞机在飞行控制系统采用的设计原理是相似的,即通过对飞机操纵面的操纵,实现飞机在俯仰、滚转和偏航 3 个轴上的运动及控制。由于操纵飞机舵面需要克服很大的气动铰链力矩,飞行控制系统必须提供合适的助力装置。同时,应设置人工感觉系统,以防止飞行员无意地操纵飞机,并给飞行员提供安全满意的飞机操纵体验。

对于飞机的控制和飞行控制系统的设计,波音公司的理念是驾驶员可以超控计算机和系统功能的限制,在飞机的关键运行时段,由飞行员控制飞机并保证安全性;空客公司的理念是计算机是最终的决策者,飞行控制系统提供了足够的安全边界保护,飞行员只要监管好飞机及系统,不允许系统正常工作时超控飞机系统功能等。

图 2-2 表明了波音和空客在电传飞行控制系统的设计理念差异。波音的飞行控制系统由 3 台飞行控制计算机组成,每台计算机中有 3 个驻留软件相似、硬件非相似的通道(lane),每次上电后,角色可以循环,在运行期间,每个通道的角色都是独立的。与此相比,空客的方法采用了 3 个飞行控制主计算机和两个飞行控制次计算机,两类计算机采用不同的架构和硬件,而且每台计算机中的指令和监控的软件也并非相似。

电传飞行控制系统最大的优势是通过预先在每一个飞行状态点下定义的飞行控制律,可以完成预期的飞机行为能力和性能,这是利用计算机以实现复杂算法的结果。尽管波音的 $C*U$ 控制算法和空客的 $C*$ 控制算法都可以获得操纵品质上的益处,它们的分歧还是非常明显的:空客的算法对减少飞行员的工作负荷感兴趣,通过建立驾驶路径的优先次序来防止操纵系统失去控制,与保持飞行路径的稳定性相比,波音的算法保持速度稳定性,强调控制性能和对飞机速度的感知。

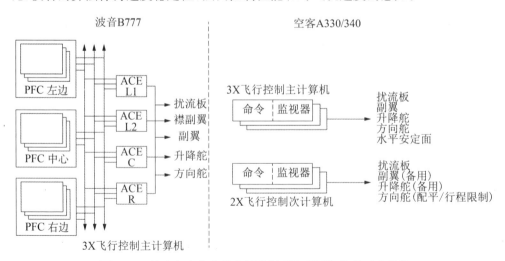

图 2-2　波音和空客飞机飞行控制系统顶层架构的对比分析

2.3　研制过程和方法

系统工程的理念和方法是世界范围内已广泛应用和使用的产品开发方法,尤其是针对飞机和飞行控制系统这样复杂的系统。基于目前的技术手段和业界广泛采用的开发过程选择,满足 SAE ARP 4754A 标准的开发过程是取得适航证的必由之路。

SAE ARP 4754A 定义了系统开发过程信息的适当特征和范围,用于证明高度综合与复杂系统对适航规章的符合性。

ARP4754A 在考虑整个飞机运行环境和功能的情况下,阐述飞机系统的研制过程要求。它包括为满足合格审定和产品保证而对设计需求的确认和对设计实现的验证。尽管论述了实现飞机功能的系统和整机的研制周期,但不包括软件或电子硬件的研制、安全性评估过程、在役飞机的安全性工作、飞机结构研制等方面的详细内容,也未说明如何编制主最低设备清单(master minimum equipment list,MMEL)和构型偏离清单(configuration deviation list,CDL)等。

ARP4754A 在编制中充分兼顾了与其他相关工业标准的关联,如图 2-3 所示。

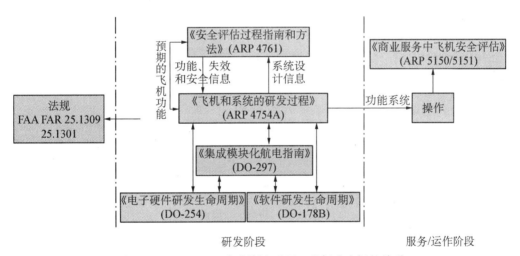

图 2-3　ARP4754A 与研制和重要工业标准之间的关系

目前,FAA 已颁布 AC20-174,对满足工业标准 SAE ARP 4754A 所建立的民用飞机和系统研制保证过程,作为一种符合性方法予以接受和认可。

AC/AMJ 25.1309 要求飞机系统在研制过程中,必须考虑需求定义、系统设计和物理实现时出现差错的可能性。

对于在设计和系统研发中产生的差错,传统做法是通过对系统及其组件进行彻底的试验、直接的机上检查以及其他能完全阐述系统性能的直接验证方法来进行检测和纠正。这些直接技术对于那些只执行有限功能而没有与其他飞机系统高度综合的简单系统,可能仍然是适用的。然而,对于更为复杂或综合的系统,由于不能确定所有的系统状态,因而彻底的试验可能是无法进行的;或者由于所需完成的试验数目过多,彻底的试验是不切实际的。对于这类系统的符合性可通过使用研制保证来表明。

民机电传操纵系统属于高度综合与复杂系统的设计特征,其开发若遵循 SAE ARP4754A 指导文件,不仅可以建立良好的信任度,也利于与局方进行有效合理的沟通和协调以及利于审定工作的顺利开展,为获取适航合格证奠定坚实的基础。

ARP4754A 对民机研制保证的适航要求进行了说明,并针对系统需输出的适航审定数据给出了相应的建议。

2.3.1 系统开发概述

ARP4754A 通过计划过程分别对开发过程和完整过程的每一个子过程的手段、方法以及相应的活动内容进行定义。其目的是定义开发飞机和系统的方法,以使所制造的飞机和系统满足飞机和系统的需求并提供与适航要求相一致的信任度。

(1) 计划过程:ARP4754A 3.1。

(2) 转段标准:ARP4754A 3.2。

(3) 计划偏离:ARP4754A 3.2.1。

ARP4754A 按时间顺序,将飞机/系统的开发过程分为飞机功能开发、飞机功能向系统分配、系统架构开发、系统需求向软硬件设备分配和系统实施及验证 5 个阶段。相邻的两个阶段,前一阶段的输出是后一阶段的输入,如图 2-4 和图 2-5 所示。

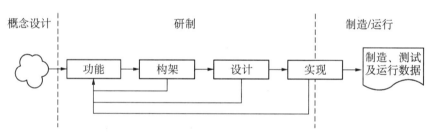

图 2-4　研制生命周期

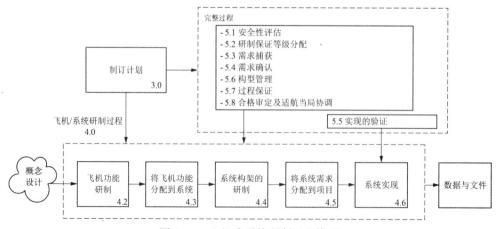

图 2-5　飞机或系统研制过程模型

2.3.2　系统计划过程

为了确保飞机和系统是按照安全的、确定的、规范的和可控的方式进行研制,根据 ARP 4754A 的要求,必须制订一系列的计划。

2.3.2.1　系统研制计划

系统研制计划是描述系统研制流程的顶层文件,系统研制计划的制订是所有系统和专业进入研制流程的前提。

系统研制计划的目标如下:

(1) 确定系统研制的组织结构和关键责任分工。

(2) 定义完成研制目标所需要进行的设计活动。

(3) 确定研制过程中所包含的方法和所需要的资源。

(4) 定义项目研制过程中所需的其他计划以及它们之间的关系。

(5) 确定系统研制和项目管理的规则。

(6) 定义输入、输出和接口清单。

(7) 定义系统研制流程与飞机研制阶段的对应关系。

(8) 定义系统研制的主要日程表,包括重要里程碑节点和相应的关键事件等。

系统研制计划应包含但不限于以下活动:

(1) 识别飞机级项目相关的任务以及顶层的研制流程要求。

(2) 确定系统的研制保证等级,系统的复杂性,复用程度,对整个项目的风险影响。

(3) 确定系统研制计划的范围,定义项目级的一些假设(如研制里程碑、研制组织结构)。

(4) 识别计划中的重要活动及内容。

(5) 识别系统的主要接口。

(6) 定义系统研制的相关过程以及它们之间的联系。

(7) 定义系统研制过程中的评审活动,并制订详细的转段标准。

(8) 定义系统层级并定义工作结构分解,识别工作包的数量以及工作包的范围。

(9) 定义出每个工作包,包括输入、输出、工作界面、工作量、责任分工。

(10) 定义组织结构分解。

(11) 定义系统研制的主要日程表。

(12) 与详细的项目管理日程表建立联系。

(13) 确定编制,审核和管理系统研制计划的人员、方法和节点。

2.3.2.2　系统过程保证计划

过程保证是一个流程,目的是确保系统的整个研制过程都是按定义的计划来进行的,计划的过程是合理的,是符合要求的。

系统过程保证计划的目标如下:

（1）为保证研制过程的合理性和可实施，提供及时而正确的信息，便于在研制过程中及时纠正和预防错误的发生。

（2）为适航和质量控制过程中的活动完整性提供独立的确认。

（3）为系统研制过程中的产品和交付物的完整性提供独立的保证。

（4）为系统研制过程中的评审活动提供过程保证的输入。

（5）确保所有的评审流程得到贯彻。

（6）确保研制过程中，所有的人为经验都得到评审并被合理地采用。

系统过程保证计划需要与其他的系统计划保持一致，应包含但不限于以下活动：

（1）定义系统过程保证的角色和责任分工。

（2）定义系统过程保证的范围。

（3）编制系统过程保证计划，定义所有的过程保证的流程。

（4）定义具体的方法，用于评估过程保证计划中所有定义的参考文档的符合性。

（5）定义具体的方法，用于评估系统研制过程中各项计划被执行的情况。

（6）确定编制、审核和管理系统研制计划的人员、方法和节点。

2.3.2.3　系统构型管理计划

系统的构型管理活动和组织，包括相关的节点、程序、规则等都需要在项目开始时就在系统构型管理计划中进行定义。系统构型管理计划适用于从设计、制造到产品交付、运行的整个项目周期。此计划的目标是定义系统构型管理的整个流程，包括更改管理流程。

构型管理计划需要与其他的系统计划保持一致，应包含但不限于以下活动：

（1）定义系统构型管理过程的组织结构分解。

（2）定义构型管理计划与其他计划的关系。

（3）定义系统构型管理的所有适用程序。

（4）将构型管理范围内的所有活动分配到正式的组织结构分解中去。

（5）在组织结构分解中为所有的构型管理活动定义对应的责任等级。

（6）定义如何保证飞机级与系统级构型管理的追溯关系。

（7）定义所有供应商的构型管理考虑。

（8）编制系统构型管理计划。

（9）确定编制、审核和管理系统构型管理计划的人员、方法和节点。

2.3.2.4　系统需求确认计划

系统需求确认计划是贯穿整个复杂系统研制过程的重要计划之一。需求确认计划的目标是阐述用来表明系统需求正确性和完整性的方法，并确认设计过程中的假设得到了适当处理。

系统需求确认计划需要与其他的系统计划保持一致，应包含但不限于以下活动：

（1）定义系统需求确认计划特定的角色与责任分工。

（2）定义系统需求确认计划的范围。

（3）定义总体的系统需求确认策略。

（4）定义需求确认方法及其要求。

（5）定义需求确认过程中的需求和文件体系,包括这些文件关联的交付物。

（6）定义系统需求确认活动日程表,包括证据的交付节点。

（7）定义系统需求确认覆盖率和追溯性的原则要求。

（8）定义与供应商需求确认活动的界面和相互关系。

（9）定义与其他系统集成的节点和策略,包括与系统标准的关联。

（10）定义需求确认活动。

（11）定义问题报告流程。

（12）编制系统需求确认计划。

（13）确定编制,审核和管理系统需求确认计划的人员,方法和节点。

2.3.2.5 系统需求验证计划

系统需求验证计划中定义了一系列流程和准则,用来验证系统实现满足系统需求。

系统需求验证计划需要与其他的系统计划保持一致,应包含但不限于以下活动：

（1）定义开展需求验证活动的角色及其职责,并对设计和验证活动之间的独立性进行描述。

（2）定义系统和设备的构型,包括那些特殊的试验设备和装置,以及需要被验证的特殊软、硬件特性。

（3）基于研制保证等级,定义用来验证各条需求的具体方法。

（4）针对由每种所应用的验证方法产生的证据,定义评价准则。

（5）定义与供应商软、硬件验证活动的界面和相互关系。

（6）定义关键验证活动和所有相互依赖的验证活动的顺序。

（7）定义验证活动需产生的数据。

2.3.2.6 系统安全性计划

系统安全性分析与系统研制是一个并行的过程,它同系统研制过程一样也是全生命周期的任务。制订系统安全性计划的主要目的就是定义安全性设计活动以及相关的活动控制,来确保系统所有的安全性需求都得到满足。系统安全性分析应遵循 ARP4761 的要求,在 ARP4754A 中给出了系统安全性计划的参考模板。

系统安全性计划需要与其他的系统计划保持一致,应包含但不限于以下活动：

（1）定义系统安全性活动特定的角色与责任分工。

（2）定义系统安全性计划的范围。

（3）定义系统的安全性等级。

（4）定义系统安全性活动及相应的方法以及文档。

（5）定义系统安全性任务,建立系统安全性分析流程。

（6）定义系统安全性工作的主要节点。

（7）编制系统安全性计划。

（8）确定编制,审核和管理系统安全性计划的人员、方法和节点。

2.3.2.7　系统审定计划

系统或专业适航审定计划的主要目的是对局方的适航审查工作与申请人的适航取证工作进行定义和规划,主要目标是与局方共同定义本系统或本专业的审定基础和符合性方法,以及局方在系统开发中的介入程度和范围。

系统审定计划需要尽早地确定,但是在系统研制的初始有很多要求,包括审定基础、系统方案架构、系统初步安全性分析等都很难完全确定。所以,从项目管理角度考虑可以将系统审定计划分阶段完成。

系统审定计划需要与其他的系统计划保持一致,应包含但不限于以下活动:

（1）提出并确定系统的适航审定基础。

（2）提出并确定系统的适航符合性方法。

（3）提出并确定型号的适航政策（如适用）。

（4）系统描述。

（5）确认系统符合性验证活动。

（6）确认系统符合性文件清单。

（7）确定局方人员在符合性验证活动中的介入范围和程度。

（8）制订系统适航验证和审查活动的主要里程碑节点。

（9）编制系统审定计划。

（10）确定编制、审核和管理系统审定计划的人员、方法和节点。

2.3.3　系统完整过程及活动

以下 8 个过程及活动是系统研制保证的必备要素,是计划制订的基础,也是审查方重点关注的对象。

2.3.3.1　安全性评估

安全性评估过程用于表明系统对合格审定要求的符合性,以及用于满足公司内部安全性标准的要求。安全性评估过程包括在系统研制期间所实施并更新的具体评估,还包括与其他系统研制过程的相互作用。具体参见 ARP4761 文件中对主要安全性评估过程的说明。

2.3.3.2　研制保证等级的分配

研制保证等级是根据失效状态严重等级进行分配的,同时考虑研制过程之间的独立性,这种独立性可以限制研制错误所带来的后果。失效状态等级越严重,其对应的用以减轻失效状态影响所需的研制保证等级则越高。具体参见 ARP4754A 5.2。

2.3.3.3 需求的捕获

在系统研制的初期,需要对系统的需求进行收集、组织和确认。最终将完整、正确的系统需求反映在系统需求文档中。系统需求文档中的需求只包含系统级的需求定义,不包含设备级的详细需求(软、硬件)。

本过程应包含但不限于以下活动:

(1) 确定顶层需求到系统需求文档(SRD)的输入单。

(2) 确定需求收集、分类和组织的方法。

(3) 编制 SRD。

(4) 对初步的 SRD 进行需求评审,检查 SRD 对顶层输入要求的覆盖程度。

(5) 对 SRD 的需求和假设进行确认,包括识别和实施确认行为,记录确认证据。

(6) 定义 SRD 中需求进行验证必需的方法和手段。

(7) 按系统研制计划要求定义 SRD 管理。

(8) 按构型管理计划中通用的构型管理流程定义 SRD 的构型管理。

(9) 发布 SRD。

2.3.3.4 需求的确认

需求确认的过程主要是在系统概念设计和初步设计阶段对系统中所有的技术需求,包括顶层需求和衍生需求进行完整性、正确性、追溯性、可用性、清晰性、可验证性等的判断和确认。

需求确认的原则、过程和手段在 V&V 计划中定义,同时也符合 ARP4754A 中关于需求确认的要求。

本过程应包含但不限于以下活动:

(1) 列出所有的需求并对每条需求进行标识,每条需求的 ID 是唯一的。

(2) 识别每一条需求的确认活动用以表明需求的正确性和需求分类的正确。

(3) 识别每条需求的来源,如顶层需求文档、顶层的设计、工业标准或其他系统要求等。

(4) 对那些无论从需求本身或是上下级需求都很难进行理解判断的需求,应给出需求的详细解释。

(5) 根据(2)中识别的确认活动,列出具体确认活动的要求。

(6) 对所有被识别的确认活动编制实施计划,并进行确认活动。

(7) 记录每一个确认活动的证据。

(8) 对所有的假设也需要按上述的步骤进行确认,评估假设的正确性。

(9) 完成系统需求确认综述报告。

2.3.3.5 实施的验证

设计验证的原则、方法和手段在 V&V 计划中定义,同时也必须符合 ARP4754A 中关于设计验证的要求。

本过程应包含但不限于以下活动:

（1）列出所有需要用来表明设计符合性的设计验证活动。

（2）识别在每一个里程碑节点前必须完成的设计验证活动。

（3）对与（1）和（2）中识别的设计验证活动写下明确的验证需求。

（4）根据（1）和（2）中识别的验证活动、验证计划，以及（3）中列出的验证需求，实施设计验证活动。

（5）记录每一个验证活动的证据。

（6）对所有设计验证活动的结果进行评审，并完成最终的设计符合性证据。

（7）完成系统需求验证综述。

2.3.3.6　构型管理

系统研制过程中进行构型管理的目的是支持系统达到安全生产和投入运行的适航状态。主要的目标如下：

（1）在重要的研制节点给出系统的基线，冻结系统进入下一阶段前的技术状态。

（2）在系统研制过程中对基线的更改进行可行性评估、追溯和控制直到最终基线发布。

（3）在系统研制过程和飞机集成过程中对交联系统的一致性和飞机级的集成性进行可行性评估和控制。

2.3.3.7　保证过程

在系统研制的过程中，需要系统过程保证流程来确保系统研制过程都是按计划、按时、准确地完成所有活动。系统过程保证的目标如下：

（1）及时提供准确的系统研制流程活动的符合性情况，便于进行错误研制活动的纠正和预防。

（2）对系统适航和质量活动的完成情况提供独立的确认。

（3）对系统研制过程中的产品和交付物的完整情况提供独立的确认。

（4）确保所有的研制活动是符合计划的。

（5）为研制评审提供过程保证的输入。

按系统计划制订的过程应包含以下主要活动：

（1）参与并支持系统计划编制的前期准备活动。

（2）确保系统研制过程都被定义且满足系统研制的基本要求。

（3）确保系统各计划都是可用的，计划文件经过各专业的会签且会签是有效的。

（4）确保系统的分类和研制保证等级经过评审。

（5）确保系统计划与系统研制订义和要求的偏离都已经被识别，且得到相关专业认可。

（6）参加系统计划评审。

（7）确保系统各计划在系统研制过程中持续适用。

过程保证人员需要通过相关报告对系统所有计划是否满足系统研制过程定义和要求进行评估,并记录计划评审过程中所有评审人员的意见。

系统计划实施的过程应包含如下主要活动:

(1) 确保系统研制活动是按系统各计划进行的。

(2) 确保系统各计划中定义的交付物的完整性和一致性。

(3) 确保系统重要合同文件与构型文件都是可用的,相关文件经各专业会签且会签是有效的。

(4) 确保系统按 V&V 计划中定义的方法进行覆盖率分析。

(5) 将系统计划实施中的偏离报告给系统设计员,并对相应的改正措施进行批准。

过程保证人员通过相关文件形式,记录各阶段的所有过程保证活动,并给出相应的结论以及形成的行动项;同时还需要在报告中列出:相关的评审意见(如果是文件发布的情况则是文件的签审意见),相关的过程保证结果(形成的会议纪要或文件),相关的检查单、偏离申明和同意的改正措施。

编制设计保证监控报告:

从 PDR 开始,系统过程保证人员负责将所有的系统过程保证报告汇总,编制成系统过程保证文档,直到最后的系统适航评审前完成最终的过程保证文档,并作为适航审查的证据之一提交适航审查人员,用于增加局方对研制过程符合性的信心。

系统过程保证文档的主要内容包括:

(1) 研制过程中所有的系统过程保证报告。

(2) 研制过程中主要的过程保证活动的描述及其输出。

(3) 系统过程保证活动产生的所有改正的行动项目清单及其完成状态。

(4) 每一个阶段符合性的申明,包括对开口项的评估。

(5) 供应商对过程保证活动的评估。

(6) 最终的系统过程保证符合性申明。

2.3.3.8 审定过程

系统审定过程的目标是表明系统对适用需求的具体符合性。通常情况下,系统审定是通过相关审定计划(包括对设备合格鉴定的引用)完成的。

本过程应包含但不限于以下活动:

(1) 通过对审定计划的更新,管理审定过程。

(2) 与审查方协商审定基础、审定需求的解释、符合性方法、审定政策和相关文件的签署或批准流程等,直至双方达成一致。

(3) 通过形成 CP 中规划的符合性文件,表明对相关需求的符合性。

(4) 评审研制产生的审定数据,通过审定综述的形式表明 CP 中制订的目标已经完成;如存在偏离,需给出相关偏离的情况。

(5) 局方介入方式

（6）对更改进行批准。

（7）持续适航。

2.3.4 系统研制阶段及里程碑

研制保证通过对系统研制过程的规范实现限制差错的目标。为了落实上述规范，要求系统采用相应集成过程，在各研制阶段产生必要的输出物，作为满足研制保证规范化要求的证据性文件。本章针对复杂系统研制，提出了各评审节点处需完成工作的一般性建议。各系统需根据实际研制活动开展情况，在系统计划性文件中明确里程碑节点的划分，以及进入和退出里程碑准则对相关研制保证活动输出物的要求。

系统研制里程碑一般可划分为计划评审（PR）、初步设计评审（PDR）、详细设计评审（DDR）、关键设计评审（CDR）、实验室接收评审（LAR）、地面试验接收评审（GTAR）、首飞评审（FFR）和适航审定评审（CR），各评审节点工作目标如下。

2.3.4.1 计划评审（PR）

在 ARP4754A 中已明确提出系统研制过程中必需的计划，并对不同计划给出了具体的目标和适航验证的考虑。

在计划制订阶段主要的工作目标包括：

（1）编制系统研制计划。

通过制订研制计划，规定项目研制节点，研制团队及分工，交付物与交付文件，转段标准等。

（2）编制系统的过程保证计划。

通过制订系统过程保证计划，控制所有计划的实施以及相关文件的符合性。

（3）编制系统的构型管理计划。

系统构型管理计划主要定义系统构型管理活动和组织。

（4）编制系统的 V&V 计划。

系统 V&V 计划规划了系统研制的确认和验证活动的组织。

（5）编制系统的安全性计划。

系统安全性计划同系统研制计划一样规划了系统安全性分析和评估的整个流程。

（6）编制系统的审定计划。

与型号适航审查部门共同签署的计划，定义和规划系统的适航活动。

（7）编制系统技术规范（STS）。

与系统供应商共同确定系统级的技术规范，作为合同附件。

（8）编制系统工作责任分工（SOW）。

确定主制造商与系统供应商的工作界面分工，作为合同附件。

2.3.4.2 初步设计评审（PDR）

各系统可按需分两阶段完成 PDR 评审。

1）第一阶段

主要工作目标如下:

(1) 根据飞机级顶层需求 HLR 和系统级 STS,编制系统需求文档(SRD)。

(2) 确定初步系统技术方案,完成初步的系统设计描述(SDD)。

(3) 完成初步的系统电接口控制文档(EICD)。

(4) 完成初步的系统机械接口控制文档(MICD)。

(5) 完成对 HLR 和系统级 STS 中需求的确认和假设的评估。

(6) 完成对 SRD 中顶层需求的确认以及假设的评估。

(7) 完成系统设备 RFP 的编制与发放(可选)。

(8) 完成系统级 FHA,完成对系统功能失效影响等级的定义及评估。

(9) 关闭上一阶段的开口项,更新系统计划文件与系统级 STS 和 SOW。

2) 第二阶段

主要工作目标如下:

(1) 更新 SRD 并完成对 SRD 中需求的确认和假设的评估。

(2) 根据确定的系统技术方案,完善系统设计描述(SDD)。

(3) 更新系统电接口控制文档(EICD)。

(4) 更新系统机械接口控制文档(MICD)。

(5) 完成设备详细需求文档的初稿。

(6) 完成系统中设备的 STS 编制。

(7) 完成系统级 STS 和 SOW 的签署前准备工作,达到可以签署状态。

(8) 完成系统级 PSSA,完成对系统功能失效影响等级的定义及评估。

(9) 关闭上一阶段的开口项。

2.3.4.3 详细设计评审(DDR)

DDR 评审阶段主要的工作目标包括:

(1) 完成系统方案,更新 SDD。

(2) 完成全部系统接口定义。

(3) 根据确定的系统方案,更新 PSSA。

(4) 完成并冻结系统原理图。

(5) 完成并冻结系统线路图。

(6) 完成并冻结系统管路图。

(7) 完成并冻结系统安装图。

(8) 完成 SRD 中所有需求的确认。

(9) 开始编制系统试验任务书(试验室试验、地面试验、试飞试验)。

(10) 更新系统 CP。

(11) 对系统的方案进行冻结,为进入下一阶段的产品设计建立构型基线。

2.3.4.4 关键设计评审(CDR)

关键设计评审阶段主要工作目标包括:

（1）完成最终的 SDD，并对其中所有的方案和描述进行构型冻结。

（2）完成全部设备安装需求的确认工作。

（3）完成设备最终的 DRD，并完成对 DRD 中的需求确认，包括软、硬件。

（4）完成 SSA 初稿。

（5）发布达到生产状态的系统原理图。

（6）发布达到生产状态的系统线路图。

（7）发布达到生产状态的系统安装图。

（8）发布达到生产状态的系统管路图。

（9）完成 SDD 的确认。

（10）更新系统地面试验、试验室试验、试飞试验的任务书。

（11）更新 CP。

（12）开始编制飞机试验、制造相关的文件。

（13）开始编制系统相关的飞机手册，如《维修手册》《维修大纲》《故障隔离手册》等。

（14）对系统的方案进行冻结，为进入下一阶段的产品生产建立产品基线。

2.3.4.5　试验室接收评审(LAR)、地面试验接收评审(GTAR)和首飞评审(FFR)

试验室接收评审、地面试验接收评审和首飞评审，主要工作目标如下：

（1）完成系统试验室试验任务书和试验大纲。

（2）完成系统地面试验任务书和试验大纲。

（3）完成系统飞行试验任务书和试验大纲。

（4）完成系统机上检查大纲。

（5）完成系统设备鉴定。

（6）进行系统的试验室试验。

（7）进行系统地面试验。

（8）进行系统机上检查。

（9）更新 CP。

（10）完成首飞状态 SSA。

（11）编制系统适航审定综述。

（12）更新上一阶段维修类文件，开始编制其他飞机手册，如《飞行手册》，机组检查单等。

（13）提交首飞的系统构型清单由局方批准。

2.3.4.6　适航审定评审(CR)

本阶段主要的目标有：

（1）完成系统的验证试飞，并完成系统试飞报告。

（2）完成所有的试验室试验，并完成系统试验室试验报告。

（3）完成系统的适航符合性报告。

（4）完成系统的需求 V&V 矩阵和相关证据性文件。

（5）完成系统的构型基线冻结,形成系统最终的构型清单。

（6）完成取证状态的 SSA。

（7）完成大部分的飞机手册编制,与持续适航相关内容可以延期完成,但必须给出编制计划。

（8）完成系统过程保证文件。

（9）完成系统适航审定综述。

最终,所有的试飞科目按试飞大纲完成以后,完成系统试飞报告。并完成其他所有系统研制和适航审查相关的工作,给出系统研制符合性申明和系统适航符合性申明,标志着研制完成的系统达到适航取证的状态。

依据 APR4754A、DO-254 和 DO-178B,针对飞机、系统和软件及电子硬件给出了建议的适航审定数据清单,同时针对研制保证等级为 A 和 B 的系统,给出建议的各研制里程碑阶段审定数据的状态,供 C919 项目执行研制保证活动时参考。在执行研制保证活动的过程中,具体需提交的文件清单及文件在各里程碑处的状态,包括对本附录建议清单的偏离和非 A、B 级系统审定数据的确认,需与各相关计划保持一致,并应在与审查方充分交流讨论并且达成一致后确定,如表 2-1 和表 2-2 所示。

表 2-1　审定数据清单

文档名称	飞机级	系统级	软件、电子硬件
研制计划	✓	✓	
过程保证计划	✓	按需	
构型管理计划	✓	按需	
安全性计划	✓	按需	
需求确认计划	✓	✓	
实施验证计划	✓	✓	✓(HVP)
审定计划	✓	✓	✓(PHAC, PSAC)
设计保证监控报告	✓	✓	
需求文档	✓	✓	✓
设计描述	✓	✓	✓
需求确认矩阵	✓	✓	
需求确认综述	✓	✓	
需求验证矩阵	✓	✓	
需求验证综述	✓	✓	
问题报告	✓	✓	
构型索引文档	✓	✓	✓(HCI, SCI)
构型基线记录	✓	✓	
构型管理记录	✓	✓	

（续表）

文档名称	飞机级	系统级	软件、电子硬件
适航审定综述	√	√	√（HAS, SAS）
试验室试验大纲及报告（表明符合性部分）	按需	√	
地面试验大纲及报告（表明符合性部分）	按需	√	
试飞大纲及报告（表明符合性部分）	按需	√	
机上检查大纲及报告（表明符合性部分）	按需	√	
设备鉴定大纲及报告（表明符合性部分）		√	
AFHA	√		
PASA	√		
ASA	√		
SFHA		√	
PSSA		√	
SSA		√	
CMA	√	√	
PRA	√		
ZSA	√		

表 2 - 2　A、B 级系统审定数据在各里程碑处的状态

文档名称	系统 PR	系统 PDR	系统 DDR	系统 CDR	系统 LAR	系统 GTAR	系统 FFR	系统 CR
过程控制文档								
系统研制计划【I】	M	C	C	C	C	C	C	C
系统过程保证计划【I】	M	C	C	C	C	C	C	C
系统构型管理计划【I】	M	C	C	C	C	C	C	C
系统安全性计划【R】	M	C	C	C	C	C	C	C
系统需求确认计划【R】	P	M	C	C	C	C	C	C
系统实施验证计划【R】	P	M	C	C	C	C	C	C
系统审定计划（Sys CP）【A】		M	C	C	C	C	C	C
设计保证监控报告【I】		M	M	M	M	M	M	M
系统级定义文档								
系统需求文档（SRD）【R】		M	C	C	DCR	DCR	DCR	DCR
系统设计描述（SDD）【A】		P	P	M	DCR	DCR	DCR	DCR
系统确认和验证文件								
需求确认矩阵（validation matrix）【I】		P	M	C	DCR	DCR	DCR	DCR
需求确认综述（validation summary）【R】			M	DCR	DCR	DCR	DCR	
需求验证矩阵（verification matrix）【I】		P	M	C	DCR	DCR	DCR	DCR

（续表）

文档名称	系统 PR	系统 PDR	系统 DDR	系统 CDR	系统 LAR	系统 GTAR	系统 FFR	系统 CR
需求验证综述（verification summary）【R】							P	M
问题报告（problem reports）【I】		M	M	M	M	M	M	M
系统构型管理文档								
系统构型索引文档（configuration index document）【A】	M	C	C	C	C	C	C	C
构型基线记录（configuration baseline records）【R】	M	M	M	M	M	M	M	M
构型管理记录（CM records）【I】	M	M	M	M	M	M	M	M
问题报告（problem reports）【I】	M	M	M	M	M	M	M	M
系统适航文档								
系统适航审定综述（certification summary）【A】					P	P	P	M
系统试验文档								
系统试验室试验大纲【A】（表明符合性部分）				P	M			
系统试验室试验报告【A】（表明符合性部分）							P	M
系统地面试验大纲【A】（表明符合性部分）					P	M		
系统地面试验报告【A】（表明符合性部分）							P	M
系统试飞大纲【A】（表明符合性部分）						P	M	
系统试飞报告【A】（表明符合性部分）							P	M
系统机上检查大纲【A】（表明符合性部分）						P	M	
系统机上检查报告【A】（表明符合性部分）							P	M
系统设备合格鉴定大纲（QTP）【A】（表明符合性部分）			P	M				
系统设备合格鉴定报告（QTR）【A】（表明符合性部分）			P	M				
系统安全性文件								
系统 FHA【A】		M	集成在 PSSA 中					
系统 PSSA【A】		M	集成在 SSA 中					

（续表）

文档名称	系统 PR	系统 PDR	系统 DDR	系统 CDR	系统 LAR	系统 GTAR	系统 FFR	系统 CR
系统 SSA【A】			P	M	C	C	C	C
系统 CMA【A】			P	M	C	C	C	C
设备软、硬件设计及评审文件（按 DO‑254、DO‑178B）								
PHAC【A】				M	C	C	C	C
硬件构型索引（hardware configuration index，HCI）【A】	M	M	M	M	M	M	M	M
硬件完成总结（hardware accomplishment summary，HAS）【A】						P	M	M
硬件验证计划（hardware verification plan，HVP）【A】		M	C	C	C	C	C	C
PSAC【A】				M	C	C	C	C
软件构型索引（software configuration index，SCI）【A】	M	M	M	M	M	M	M	M
软件完成总结（software accomplishment summary，SAS）【A】						P	M	M

注：① 【A】：批准类文件（approval）；【R】：评审类文件（review）；【I】：备查类文件（inspection）。
　② M（mandatory）：必须输出的文件。
　③ P（preliminary version of this document）：输出文件的初稿。
　④ C（changes/update of the document，if needed）：按需更改或更新。
　⑤ CL（completeness level）：完成程度。
　⑥ DCR（design change request）：通过设计更改请求更改。

2.4　民机的适航性设计和安全性设计的特点

　　对民用飞机而言，确定安全、经济、舒适和环保的设计要求和设计目标涉及国家、社会、公众以及运营者和制造者等多个利益相关者，并且由于巨大的利益（即使是单架飞机）和社会影响，无论设计制造还是运行，安全成为民用飞机最复杂和最敏感的首要关注要素，甚至上升到国家和国际机构层面，以法律、法规或国际公约等要求对民用飞机的安全进行严格和严酷的管理。不同于军用飞机的设计要求和目标，尽管系统、设备或部件的可靠性等指标是构成安全性指标的基础，但是民用飞机的四性指标是可以独立定义的，其中安全性目标必须要高于适航标准所确定的安全水平，而在军用飞机里常见的可靠性、可测试性以及可维修性等指标在民用飞机里归属并约束于经济性指标。

　　我国民机发展经验表明，我国的民机设计采用的是从一般安全性设计到适航性设计、适航性设计到安全性设计的路径。所谓一般安全性设计,指安全性指标采用相关标准的组合或裁剪,各个型号指标不尽相同,安全指标的确定和验证方法由制造商、用户和行业指定专家制订;适航性设计追求达到和满足适航标准,忽视安全设计的完备性;安全性设计以适航标准为最低标准,设计理念追求安全完备性,在开发投入和产品运行经济可行的前提下,尽最大可能提升飞机的安全水平。造成上述现象的原因是,我国民机发展投入低、技术薄弱、经验积累少,同时适航标准及适航要求门槛高。

适航性设计在飞行控制系统的设计中的典型表现是,以适航规章的要求设计飞机,即以 FHA 确定的定性和定量指标为设计目标,以其他适航条款要求为约束条件,按设计目标权衡飞行控制系统的架构并选择"合适"的设备,按 DO‐178 要求开发主要的飞行控制软件,最后的设计实现只要通过验证满足适航规章的要求即可。

安全性设计在飞行控制系统的设计中的典型表现是,除满足适航规章要求外,尽可能低成本地实现飞行控制系统对飞机安全的"完备"贡献。按安全性设计理念设计的飞行控制系统,追求过冗余或足够的手段以实现"完备",定量指标一定远小于 10^{-9};追求除向局方提供足够的满足规章的证据外,给予局方和用户额外的"信心"。按安全性设计理念设计的飞行控制系统,常采用在满足适航规章要求的架构上增加"备份"系统,如在电传飞行控制系统的基础上,增加独立的电动系统或机械备份,或增加构型重构,确保电传飞行控制系统失效后仍有手段操纵飞机。

3 民机电传飞行控制系统的
适航规章要求

3.1 概述

根据《航空器型号合格审定程序》（AP-21-AA-2011-03-R4），型号合格审定基础（type certification basis）是经型号合格审定委员会（Type Certification Board，TCB）确定的，对某一民用航空产品进行型号合格审定所依据的标准。型号合格审定基础包括适用的适航规章、环境保护要求及专用条件、豁免和等效安全结论。申请型号合格证的飞机需要符合审定基础所确定的适航要求才能取证。

对于运输类飞机而言，现行有效的适航标准为CCAR25R4。CCAR25R4中的条款涵盖了对于不同设计特征（如陆上飞机、水上飞机、发动机类型、数量等）和预期使用条件下（如结冰条件等）飞机的适航要求。因此，在确定审定基础时，需要根据飞机的设计特点和预期使用条件梳理适用的适航条款。同时，考虑到适航标准制订之时的技术现状、对于安全性的理解程度，以及由于适航标准不可能穷尽、也不可能预见所有可能的情况等，导致适航标准本身也具备局限性，这在适航实践中体现在以下3种情况：

（1）因技术原因，申请人提交进行型号合格审定的民用航空产品设计特征无法满足当前适用的适航规章要求。

（2）因技术发展或其他原因，申请人提交进行型号合格审定的民用航空产品设计特征有可能使得有关的适航规章没有包括适当的或足够的安全要求。

（3）尽管当前适用的适航规章要求明确，但申请人提交进行型号合格审定的民用航空产品设计特征或提供的符合性证据不满足条款的字面要求，但却与法规要求在本质上等效。

在适航审定中，以上3种情况对应的管理政策分别是"豁免""专用条件"和"等效安全"，这也需要根据飞机的设计特征进行识别，并按照相应的管理流程进行批准或颁布。

尤其是对于"专用条件"，CCAR21R3中第21.16条有明确规定。

对提交进行型号合格审定的民用航空产品，由于下述原因之一使得有关的适航

规章没有包括适当的或足够的安全要求,由民航总局适航部门制订并颁发专用条件:

(1) 民用航空产品具有新颖或独特的设计特点。

(2) 民用航空产品的预期用途是非常规的。

(3) 从使用中的类似民用航空产品或具有类似设计特点的民用航空产品得到的经验表明,可能产生不安全状况。

专用条件应当具有与适用的适航规章等效的安全水平。

适航规章和具有等效安全水平的其他适航要求是飞机最低的安全标准,申请人必须表明飞机对审定基础确定的适用适航要求的符合性。从飞机设计的角度而言,必须将适用的适航要求纳入飞机的设计需求,才能确保飞机设计对适航要求的符合性。

在对飞行控制系统的设计和适航审定过程中,对于飞行控制系统的适用适航要求是指作为飞行控制系统的设计输入和约束,是需要在飞行控制系统中予以落实的适航要求。

目前,运输类飞机的飞行控制系统已经从机械操纵系统、带助力的机械操纵系统逐渐发展到电传飞行控制系统。在传统飞机设计中,飞行控制系统只处于被动地位,即在确定飞机气动外形、结构等基本构型后,根据总体设计要求完成辅助驾驶员进行姿态和航迹控制的基本功能,或进行附加的性能补偿和品质改善而已,对飞机的构型设计无直接影响。而对于电传飞行控制系统,主动控制的设计理念和方式也贯彻到设计之中,即从设计的初始阶段便根据飞机的设计要求,综合考虑飞行控制系统、气动力、结构和发动机的设计和选型,对飞机进行优化设计,飞行控制系统从原来的被动/从属地位变为主动地位。因此,飞机操纵品质、结构载荷等特性的设计要求与飞行控制系统(包括控制律)直接相关;同时,相对于传统飞行控制系统,电传飞行控制系统的复杂性大大增加,不仅具有机械机构装置,同时包括软硬件系统和电路电气系统等。基于上述分析,CCAR25 部中关于操纵性和机动性、结构载荷、设计构造、设备、电气系统等分部的相关条款要求都需要在飞行控制系统设计中考虑和落实,是飞行控制系统的适用条款。

另外,在表明对审定基础上适航要求符合性时,往往会按照飞机的不同专业专题或系统规划多份审定计划(CP),用以划分符合性表明工作的职责。如可能规划操稳 CP、飞行控制系统 CP、闪电防护(EWIS)CP、电气互联系统(EWIS)CP 来分别落实相对应条款的符合性表明工作。落实到某一 CP 中进行符合性验证的条款可以称为 CP 的包含条款。综上可知,飞行控制系统的适用条款是从飞行控制系统设计角度出发进行界定的;而 CP 中的包含条款是从符合性表明职责划分的角度进行界定的,需要加以区分。

基于上述分析,根据国内外机型的资料总结,对于电传飞行控制系统适用的 CCAR25 部条款如表 3 - 1 所示。

表 3 - 1　电传飞行控制系统适用的适航条款(供参考)

分部	条款	名　称
B分部	25.21(a)(c)(d)(e)	证明符合性的若干规定
B分部	25.143	操纵性与机动性——总则
B分部	25.145	纵向操纵
B分部	25.147	航向和横向操纵
B分部	25.149	最小操纵速度
B分部	25.161	配平
B分部	25.171	稳定性——总则
B分部	25.173	纵向静稳定性
B分部	25.175	纵向静稳定性的演示
B分部	25.177	横向和航向静稳定性
B分部	25.181	动稳定性
B分部	25.201	失速演示
B分部	25.203	失速特性
B分部	25.207	失速警告
B分部	25.231	纵向稳定性和操纵性
B分部	25.233	航向稳定性和操纵性
B分部	25.235	滑行条件
B分部	25.237	风速
B分部	25.251	振动和抖振
B分部	25.253	高速特性
B分部	25.255	失配平特性
C分部	25.301	载荷
C分部	25.303	安全系数
C分部	25.305	强度和变形
C分部	25.307	结构符合性的证明
C分部	25.331	对称机动情况
C分部	25.335(b)	设计空速
C分部	25.341	突风和湍流载荷
C分部	25.343	设计燃油和滑油载重
C分部	25.345	增升装置
C分部	25.349	滚转情况
C分部	25.351	偏航机动情况
C分部	25.367	发动机失效引起的非对称载荷
C分部	25.373	速度控制装置
C分部	25.391	操纵面载荷:总则
C分部	25.395	操纵系统
C分部	25.397	操纵系统载荷
C分部	25.399	双操纵系统
C分部	25.405	次操纵系统
C分部	25.415	地面突风情况

（续表）

分部	条款	名　称
C 分部	25.457	襟翼
C 分部	25.571	结构的损伤容限和疲劳评定
C 分部	25.581	闪电防护
D 分部	25.601	设计与构造——总则
D 分部	25.603	材料
D 分部	25.605	制造方法
D 分部	25.607	紧固件
D 分部	25.609	结构保护
D 分部	25.611	可达性措施
D 分部	25.613	材料的强度性能和材料的设计值
D 分部	25.619	特殊系数
D 分部	25.621	铸件系数
D 分部	25.623	支承系数
D 分部	25.625(a)(b)(c)	接头系数
D 分部	25.629	气动弹性稳定性要求
D 分部	25.631	鸟撞损伤
D 分部	25.655	安装
D 分部	25.671	操纵系统——总则
D 分部	25.672	增稳系统及自动和带动力的操纵系统
D 分部	25.675	止动器
D 分部	25.677	配平系统
D 分部	25.679	操纵系统突风锁
D 分部	25.681	限制载荷静力试验
D 分部	25.683	操作试验
D 分部	25.685	操纵系统的细节设计
D 分部	25.689	钢索系统
D 分部	25.693	关节接头
D 分部	25.697	升力和阻力装置及其操纵器件
D 分部	25.699	升力和阻力装置指示器
D 分部	25.701	襟翼与缝翼的交连
D 分部	25.703	起飞警告系统
D 分部	25.771(a)(c)	驾驶舱
D 分部	25.777(a)(b)(c)(e)(g)	驾驶舱操纵器件
D 分部	25.779(a)	驾驶舱操纵器件的动作和效果
D 分部	25.781	驾驶舱操纵手柄形状
D 分部	25.865	飞行操纵系统、发动机架和其他飞行结构的防火
D 分部	25.899	电搭接和防静电保护
F 分部	25.1301	功能和安装
F 分部	25.1309	设备,系统和安装
F 分部	25.1310	电源容量和分配

分部	条款	名　　称
F 分部	25.1316	系统闪电防护
F 分部	25.1317	高强辐射场（HIRF）防护
F 分部	25.1322	警告灯、戒备灯和提示灯
F 分部	25.1381	仪表灯
F 分部	25.1419(b)	防冰
F 分部	25.1431	电子设备
F 分部	25.1435(a)(b)(c)	液压系统
G 分部	25.1501	总则
G 分部	25.1503	空速限制:总则
G 分部	25.1505	最大使用限制速度
G 分部	25.1511	襟翼展态速度
G 分部	25.1513	最小操纵速度
G 分部	25.1541	标记标牌——总则
G 分部	25.1555(a)(b)	操纵器件标记
H 分部	25.1701	电气线路互联系统（EWIS）——定义
H 分部	25.1703	功能和安装:EWIS
H 分部	25.1705	系统和功能:EWIS
H 分部	25.1707	系统分离:EWIS

　　另一方面,当民用飞机飞行控制系统的设计由传统机械式转向电传飞行控制系统以后,会使飞机表现出许多新的设计特征,包括驾驶舱内侧杆控制器取代传统的驾驶盘、杆,阵风减缓和颤振抑制等主动控制技术的应用,以及各种飞行包线保护功能的使用等,不仅对控制系统本身产生深远的影响,而且会导致飞机的结构设计、飞行品质、电力供应等也随之改变。这些设计特征往往无法被当前 CCAR25 部的条款要求完全覆盖。这一方面是由于规章本身更新和成熟的速度问题;另外,对于不同机型电传飞行控制系统的某些新颖独特设计特征,难以制订统一和普遍适用的适航标准。这就需要基于飞行控制系统的设计特征,编制专用条件,也不排除型号合格证申请人根据所申请的飞机型号设计特征就提出豁免申请、等效安全等问题,而它们也都将与专用条件一起被纳入该飞机型号的审定基础之中。

　　对于某一具体型号,专用条件、豁免、等效安全条目的确定过程也是潜在需求的识别过程,这一过程应以申请人向审查方充分介绍其民用航空产品的设计特征为前提。审查方在熟悉该型号设计特征的基础上,结合对有类似设计特征的飞机审定经验以及与领域专家的研讨建议,根据适用的适航规章要求,分析得出该飞机是否存在潜在的专用条件、豁免、等效安全以及其他需求。

　　针对电传飞行控制系统,在专用条件的识别和编制过程中,需要充分考虑电传飞行控制系统的独特性质和不断发展变化的趋势,这包括:①飞行控制系统物理与功能的新颖性和复杂性;②系统内部不断融合趋势和集成趋势;③人机关系进一步复杂;④飞行控制系统对其他专业的影响和专业间的耦合进一步扩大和加强。最终编制的专用条件应使所要求采取的安全措施能够保证其提供一种与当前适航法规所要求的安全水平等效。

以中国民用航空局(CAAC)颁布的、当前适用的《运输类飞机适航标准》(CCAR 25R4)为基准,统计并研究美国联邦航空局(FAA)与欧洲航空安全局(EASA)在型号审查过程中曾使用的专用条件发现,与电传飞行控制系统密切相关的专用条件包括以下几条:

(1) 系统与结构之间的交连。

(2) 无正常电力下的运行。

(3) 操纵面位置感知。

(4) 指令信号完整性。

(5) 通过操纵品质等级评定方法评估飞行特性符合性。

(6) 经协调一致的第 25.671 条。

(7) 侧杆控制器。

(8) 驾驶员力限制。

(9) 横航向及纵向稳定性和低能量感知。

(10) 设计俯冲速度。

(11) 设计滚转机动。

(12) 飞行包线保护:限制要求总则。

(13) 飞行包线保护:高倾角保护和攻角限制系统。

(14) 飞行包线保护:正常载荷因子(g)限制。

(15) 飞行包线保护:高速限制。

(16) 飞行包线保护:俯仰和滚转限制。

根据前述专用条件制订原则和电传飞行控制系统的特点,可以对这些专用条件进行划分,如表 3-2 所示。

表 3-2　电传飞行控制系统相关专用条件划分列表

设计特征	专用条件
飞行控制系统功能和架构新颖性和复杂性	飞行包线保护:限制要求总则 飞行包线保护:高倾角保护和攻角限制系统 飞行包线保护:法向过载系数限制(g) 飞行包线保护:高速限制 飞行包线保护.俯仰和滚转限制 指令信号完整性 经协调一致的第 25.671 条 通过操纵品质等级评定方法评估飞行特性符合性

（续表）

设计特征	专用条件
人机关系的变化	侧杆控制器 驾驶员力限制 横航向及纵向稳定性和低能量感知 操纵面位置感知
飞行控制系统对其他系统的影响及系统耦合	系统与结构之间的交连 无正常电力下的运行 设计俯冲速度 设计滚转机动

下面将针对上述适用的适航要求和专用条件中的重要条款进行详细解析。

3.2 电传飞行控制系统构造相关的主要适用条款和解析

3.2.1 CCAR 25.671 总则

3.2.1.1 条款原文

第 25.671 条 总则

（a）每个操纵器件和操纵系统对应其功能必须操作简便、平稳和确切。

（b）飞行操纵系统的每一元件必须在设计上采取措施，或在元件上制出明显可辨的永久性标记，使由于装配不当而导致系统功能不正常的概率减至最小。

（c）必须用分析、试验或两者兼用来表明，在正常飞行包线内发生飞行操纵系统和操纵面（包括配平、升力、阻力和感觉系统）的下列任何一种故障或卡阻后，不要特殊的驾驶技巧或体力，飞机仍能继续安全飞行和着陆。可能出现的功能不正常必须对操纵系统的工作只产生微小的影响，而且必须是驾驶员易于采取对策的：

（1）除卡阻以外的任何单个故障（例如机械元件的脱开或损坏，或作动筒、操纵阀套和阀门一类液压组件的结构损坏）；

（2）除卡阻以外未表明是概率极小的故障的任意组合（例如双重电气系统或液压系统的故障，或任何单个损坏与任一可能的液压或电气故障的组合）；

（3）在起飞、爬升、巡航、正常转弯、下降和着陆过程中正常使用的操纵位置上的任何卡阻，除非这种卡阻被表明是概率极小的或是能够缓解的。若飞行操纵器件滑移到不利位置和随后发生卡阻不是概率极小，则须考虑这种滑移和卡阻。

（d）飞机必须设计成在所有发动机都失效的情况下仍可操纵。如果表明分析方法是可靠的，则可以通过分析来表明满足本要求。

中国民用航空总局 2011 年 11 月 7 日第四次修订

3.2.1.2 条款制订的目的

本条是对操纵系统的总则性要求，包括操作要求、防止误安装的装配要求以及发生故障条件下继续安全飞行和着陆的要求。

3.2.1.3 条款修订历史和修正案情况

1) CCAR 条款修订历史

CCAR25.671 参照 FAR25.671 制订,迄今修订过一次。

CCAR25R4 中的第 25.671 条与 FAR 第 25—23 号修正案第 25.671 条内容要求一致,修订是将英文术语中关于故障条件严重性分类的 minor、major、severe major、hazardous 和 catastrophic 对应中文术语表述为(影响)小的、(影响)大的、(影响)严重的、危险的和灾难性的。

2) FAR 条款修正案历史

FAR 条款修正案历史如表 3-3 所示。迄今涉及一个修正案。

表 3-3 FAA 相关修正案

条款	名称	修正案	生效日期	目前状态
第 25.671 条	总则	25—23	05/08/1970	√

(1) CAR4b.320 和 CAR4b.622 的内容形成了 FAR 25.671 于 1965 年 2 月 1 日生效版本的最初内容。

(2) FAR25.671 经历了 1970 年 5 月 8 日生效的 FAR 第 25—23 号修正案,其对第 25.671 条的(c)款和(d)款的内容进行了更改,(c)款由原先对调整片操纵系统的要求,更改为对整个操纵系统的失效-安全要求;(d)款由原先对可调安定面的要求,更改为对所有发动机都失效后飞机仍可操纵的要求。

(3) 1998 年 8 月 26 日,FAA 在联邦注册报(第 63 卷,165 号)上刊登通告,告知公众,FAA 委托航空立法咨询委员会(ARAC)就有关飞行控制系统协调一致任务提供建议与意见。任务内容包括对现有 FAR 25.671、672 与 JAR 25.671、672 规章的差异进行回顾评估,对电传操纵和主动飞行控制系统已制订的专用条件及政策进行回顾评估,仔细研究累计的运输类飞机服役史以确认之前对系统失效发生概率所做的假设,考虑美国国家交通安全委员会(NTSB)的所有建议,建议新的协调一致规章,如有必要制订相关的咨询通告。

ARAC 接受了该任务,并将任务分配给新成立的飞行控制协调工作小组(FCHWG)。

2002 年 9 月 17 日,ARAC 致信给 FAA,表明该小组已经完成任务,其研究成果主要由以下 3 部分组成:

a. 报告 FCHWG-25.671,操纵系统——总则。

b. 提议的 NPRM-25.671,操纵系统——总则。

c. 提议的 AC 25.671,操纵系统——总则。

注:但截至目前,FAA 尚未正式表明采纳该份 ARAC 的建议。尽管如此,某些机型在型号合格证申请中,将该提议的 NPRM 作为专用条件,纳入型号合格审定

基础。

FAR25.671 与 CS 25.671 的条款差异存在于(c)(1)款,即 FAR 25.671(c)(1) 要求考虑单点失效,无论其失效的概率是多少;CS 25.671(c)(1)要求考虑除卡阻外未表明是概率极小的任何单点失效。

3.2.1.4　条款要点解析

§ 25.671(a)

本款是对飞行操纵系统的总的定性要求,即要求操纵系统操作简便、平稳、确切。简便一般是指操纵系统的操纵器件应满足 § 25.779(a)的要求,保证驾驶员手、脚的操作动作与人的运动本能反应相一致;平稳一般是指系统无突变、无紧涩感觉、无卡阻、无自振,杆力梯度合适,驾驶员感觉舒适;确切一般是指飞机能正确执行驾驶员指令并且能从一种飞行状态按指令平稳地过渡到任何其他飞行状态。

§ 25.671(b)

(b)款是确保正确装配,防止误安装的要求。

操纵系统的每一元件或组件必须在设计上采取措施,特别是对称元件、相似元件、有相同臂值或臂值相近的那些摇臂,必要时采用明显可辨的永久性标记,以防止在生产或维修中发生误装配。

§ 25.671(c)

(c)款的"jam(卡阻)"定义为"A failure or event such that a control surface, pilot control, or component is fixed in one position"(某个操纵舵面、飞行员操纵器件或组件停滞在某个位置的失效或事件)。

(c)款的"failure(故障/失效)"定义为"An occurrence, which affects the operation of a component, part, or element such that it can no longer function as intended (this includes both loss of function and malfunction). Note: Errors may cause Failures, but are not considered to be Failures"(某个事件的发生,会影响某组件、部件或元件的运行,使其无法完成预定功能(这同时包括功能丧失和功能不正常)。注:差错可能导致失效,但不能被认为是失效)。

本款要求必须用分析、试验或两者兼用的方法来表明在下述故障情况下,飞机仍能继续安全飞行和着陆。

操纵系统和操纵面在正常飞行包线内可能出现的故障如下:

(1)单个故障(不包括卡阻),如机械元件的脱开或损坏,或作动筒、操纵阀套和阀门一类液压组件的结构破坏;任何单个故障(不包括卡阻)不能引起灾难性后果,不管其概率如何。

(2)故障的组合(不包括卡阻),如双重液压系统的失效,任何单个故障同电气或液压系统可能出现的故障的组合。还应考虑到单个故障引起的相继失效及对其他系统的影响。

(3)卡阻,在起飞、爬升、巡航、正常转弯、下降和着陆过程中正常使用的操纵位置上的任何卡阻。如飞行操纵器件滑移到不利位置和随后发生卡阻不是极不可能的,应考虑这种滑移和止阻;来自货物、旅客、松散的物体和水汽结冰等因素造成的卡阻也应考虑。

针对卡阻,服役机群经验数据表明操纵面卡阻的总故障率大约为每飞行小时 $10^{-6} \sim 10^{-7}$。考虑到该统计数据,对于条款中规定的每一飞行阶段,不考虑其他故障,正常使用位置的合理定义是发生在 1000 次随机操作飞行中的操纵面偏转范围内(从中立位到最大的偏转位置)。

正由于一般不能或很难证明某个舵面卡阻或操纵器件卡阻是极不可能的,因此需要考虑在飞行过程中正常使用位置的任何卡阻。FAA 颁布的政策 PS-ANM100—1995-00020,对操纵面"正常使用位置"的卡阻给出了指导建议。

由于大部分的卡阻缓解装置需要另一飞行员的动作,或者需要通过拉杆来启动冗余系统,这都需要恢复时间。因此,在即将着陆的极短暴露时间内发生的卡阻,考虑到恢复时间的问题,可能在飞行员未克服卡阻之前就已经导致了事故的发生或已经着陆,如果申请人表明在该极短的暴露时间段内发生卡阻是极不可能的,则一般可以被接受。

§25.671(d)

(d)款要求飞机必须设计成在所有发动机都失效的情况下飞机仍可操纵。全部发动机出故障后,对于爬升、巡航、下滑、进场和待机状态,飞机应仍是可操纵的,并且有能力从合理的进场速度拉平到接地时的着陆状态。

对飞机全发停车时,对飞机的操纵分以下 3 种情况:

(1) 对机械操纵系统,系统的功能与发动机无关。因此,全发停车时,飞机仍是可操纵的。

(2) 对于具有带动力的操纵系统且有手动转换的飞机,若动力源是由发动机带动的液压泵、冷气泵或发电电源,则在全发停车时,动力操纵系统全部失效。此时,对飞机的操纵利用手工超控,即脱开动力操纵,改为机械操纵。

(3) 对于具有带动力的操纵系统且没有手动转换的飞机,利用备用动力源,此动力源相对发动机是独立的。

若飞机具有带动力的操纵系统,且动力源是由发动机带动的,则设计上必须采取措施,使一旦发动机全部停车,飞机仍可操纵。

为此,必须将飞机设计成:

(1) 有冗余动力源,如冲压空气涡轮、备用电源等。

(2) 有动力源脱开装置。

(3) 有与备用动力源接通的装置。

(4) 可以人工超控。

对于如 B737、DC-9 及通勤类带液压助力的机械操纵系统的飞机。全发停车时,恢复手动操纵,自动切断液压助力并显示,改为纯手工机械操纵;对于大型运输机,一般采用冲压空气涡轮(RAT)作为冗余动力源。

3.2.1.5 符合性验证思路和方法

§ 25.671(a)

1) CS - 25 AMC 25.671(a)

对于完成必要功能的操纵系统的设计必须满足,当选定运动到某一位置时,无须等待最初选定运动的完成,就能选定另一不同的位置,并且操纵系统应到达最后选定位置而无须进一步的关注。系统随后的运动和满足选择顺序要求所花的时间不应影响飞机的适航性。

对第 25.671(a)条的符合性一般可通过说明性文件,计算/分析,实验室试验,地面试验,和飞行试验来表明。通过对控制率的计算,保证操纵平稳和确切。通过飞行试验,试飞员给出整体的评估意见。

§ 25.671(b)

2) CS - 25 AMC 25.671(b)

操纵系统中,对于若不正确安装就会危害飞机的系统,在设计上应采取措施,使在所有可能的分解点,装配该系统的元件在机械上不可能引起下述后果:

a. 超出限制的动作/不协调的动作;

b. 装配可能使操纵意图相反;

c. 两个系统之间出现非有意的操纵交连。

仅在特殊的情况下允许操纵系统为满足以上要求而采用独特的标记。

对第 25.671(b)条的符合性一般可通过说明性文件和机上检查来表明。由于考虑到标记标牌受光线、时间长久老化等环境影响,以及需要维护人员刻意注意等限制,一般鼓励尽可能采用设计策略,在设计上采取措施来防止误装配,一般不提倡仅采用标记标牌的方法防止误装配。

申请人在设计阶段应采取足够的预防措施,《维修手册》应详细列出为防止误装配、误连接等设置的程序。

§ 25.671(c)

对第 25.671(c)条的符合性一般可通过安全性分析,实验室试验、机上地面试验、飞行试验和模拟器试验来表明。安全性分析推荐按 AMC 25.1309 进行。

为符合 CS 25.671(c) (1),通常应当:

(1) 如果发生单个失效,有控制飞机的替代方法。

(2) 有替代的载荷路径。

但是,还有当单个组件的使用是基于其失效是极不可能的,且符合 CS 25.571(a)和(b)所要求的情况。

§ 25.671(d)

对第 25.671(d)条的符合性一般可通过说明性文件、安全性分析、飞行试验和模拟器试验来表明。

3.2.2 CCAR 25.672 增稳系统及自动和带动力的操纵系统

3.2.2.1 条款原文

第 25.672 条 增稳系统及自动和带动力的操纵系统

如果增稳系统或其他自动或带动力的操纵系统的功能对于表明满足本部的飞行特性要求是必要的,则这些系统必须符合第 25.671 条和下列规定:

(a) 在增稳系统或任何其他自动或带动力的操纵系统中,对于如驾驶员未察觉会导致不安全结果的任何故障,必须设置警告系统,该系统应在预期的飞行条件下无须驾驶员注意即可向驾驶员发出清晰可辨的警告。警告系统不得直接驱动操纵系统;

(b) 增稳系统或任何其他自动或带动力的操纵系统的设计,必须使驾驶员对第25.671(c)条中规定的各种故障可以采取初步对策而无须特殊的驾驶技巧或体力,采取的对策可以是切断该系统或出故障的一部分系统,也可以是以正常方式移动飞行操纵器件来超越故障;

(c) 必须表明,在增稳系统或任何其他自动或带动力的操纵系统发生任何单个故障后,符合下列规定:

(1) 当故障或功能不正常发生在批准的使用限制内且对于该故障类型是临界的任何速度或高度上时,飞机仍能安全操纵;

(2) 在《飞机飞行手册》中规定的实际使用的飞行包线(例如速度、高度、法向加速度和飞机形态)内,仍能满足本部所规定的操纵性和机动性要求;

(3) 飞机的配平、稳定性以及失速特性不会降低到继续安全飞行和着陆所必需的水平以下。

3.2.2.2 条款制订的目的

制订本条款的目的在于确保自动及带动力的操纵系统中的失效不会对飞机产生危害。

3.2.2.3 条款修订历史和修正案情况

1) CCAR 条款修订历史

CCAR25.672 参照 FAR25.672 制订,迄今没有修订,与 FAA25.672 第 25—23 修正案保持一致。

2) FAR 条款修正案历史

第 25.672 条的内容要求在修订的第 25—23 号的 NPRM 中最早拟作为 FAR25.21"Proof of compliance"的(e)款。

早在 1965 年 4 月 16 日,美国航线飞行员联盟(Airline Pilots Association, ALPA)就以信函方式,请求 FAA 考虑修改 FAR25 中对于稳定性和失速告警的要求,以禁止使用任何能够接管或直接作动飞行操纵系统的自动装置。此外,ALPA 还认为任何不能满足当时第 25.171 条至第 25.181 条关于纵向、横向或航向稳定性要求的飞机必须安装一个警告系统,该警告系统独立于飞机飞行控制系统,即不能直接驱动飞行控制系统(包括高度配平装置),并且能够在飞机逼近危险的飞行高度和速度时提供足够的高级别警告信息。

FAA 经过大量调查，认为 ALPA 提出的问题不仅限于稳定和失速告警装置，而是与能够提供安全性功能的所有系统有关。FAA 相信应该对飞行控制系统所有组成的所有可能的失效模式或故障模式进行全面的验证，以确保任何失效或功能不正常能够被飞行机组轻松解决。因此，FAA 在修订的第 25—23 号的 NPRM 增加了此部分的要求。最终，在正式的修订的第 25--23 号，FAA 将这部分内容纳入一个新的适航条款，即现在的第 25.672 条，截至目前，后续修正案都未对其修正。

3.2.2.4　条款要点解析

§25.672(a)

第 25.672(a) 条要求在增稳系统及自动或带动力的操纵系统中，对于如驾驶员未察觉的会导致不安全结果的任何故障，必须设置警告系统。

由 AC25.672-1 可知，载荷减缓系统(LAS)、增稳系统(SAS)和颤振抑制系统(FSS)等具有主动飞行控制功能系统都应当符合本条款的要求。

对于警告系统的设计要求，目前 FAA 正准备着手修订 FAR25.1322 名为"Warning, caution, and advisory lights"的条款，预计修改后条款名称为"Flightcrew Alerting"，在修改后的条款中将对飞行机组乘员告警系统的定义、优先级、颜色、性能等做出明确规定，同时，FAA 也正在起草相关的咨询通告，作为表明新的 FAR25.1322 要求的指导材料。

§25.672(b)

条款 672(b) 要求增稳系统及自动和带动力的操纵系统对 §25.671(c) 规定的各种故障，驾驶员可以采取初步对策而无须特殊的驾驶技巧或体力。一般认为，这里"无须特殊的驾驶技巧或体力"的含义是：按照相关标准选拔、培训并取得民航管理当局认可的飞行执照的飞行员，能够按照经批准的飞机正常操作程序或应急程序对飞机进行操作，不需要额外针对相关驾驶技术和处理方法进行培训，也不需要驾驶员付出额外，甚至难以接受的体力以完成操作。

§25.672(c)

条款 672(c) 说明增稳系统及自动和带动力的操纵系统发生单个故障后应符合的规定。

在任何单个故障发生后，仍然满足 CCAR25 部所规定的操纵性或机动性的要求可以通过设计达到，如采用冗余系统/软件异性等措施，或者通过《飞行手册》中规定的实际使用包线进行限制来达到。

这些故障的后果，用以飞行试验、模拟器试验和实验室试验支持的系统安全性分析(SSA)进行评定。在对故障进行评定时，要考虑飞行品质要求的严格程度，分级方式应当同事件的概率相关，即可能的事件不得产生大于次要影响(minor effects)的后果，而不大可能的事件不得产生大于主要影响(major effects)的后果。

在任何单个故障出现后，通过《飞行手册》提供相关程序，使飞机的配平、稳定性以及失速特性允许飞机继续安全飞行和着陆。

3.2.2.5　符合性验证思路和方法

§ 25.672(a)

根据对已取证机型符合性方法的统计,第 25.672(a)条的符合性一般可采用设计说明、安全性评估、实验室试验、地面试验、飞行试验和模拟器试验的方法进行。

申请人针对相关警告系统或警告信息的设计说明中应至少表明:①警告系统能够在预期的飞行条件下,无须驾驶员注意即可向驾驶员提供及时的、使人觉醒的、明显的、清晰的和不含混的警告信号;②警告信息能够在导致不安全结果的故障时刻出现,以使驾驶员及时地采取纠正动作;③警告系统不会直接驱动操纵系统,也不会被飞机的正常操纵所触发;④文件中已提供警告信息列表等。

申请人针对警告系统进行的安全性评估应至少表明:①能够并已经识别在增稳系统或任何其他自动或带动力的操纵系统中,对于如驾驶员未察觉会导致不安全结果的任何故障;②警告系统本身具有符合 25 部规章要求的完整性和可靠性;③警告系统不会直接驱动操纵系统,也不会被飞机的正常操纵所触发;④警告系统提供的警告信息作为可靠的方法,足以使飞行员在接到告警后采取恰当的应对措施;⑤警告系统的误警告信息不会妨碍飞机继续安全飞行及着陆等。

申请人采取的实验室试验和机上地面试验,主要目的是确认系统设计说明和安全性评估中得到的结果,通过模拟故障,检查警告系统工作情况。此外,申请人还需要采用飞行试验和/或模拟器试验,通过驾驶员“人在回路”的工作方式,确认警告信息的适用性。

§ 25.672(b)

根据对已取证机型符合性方法的统计,第 25.672(b)条的符合性一般可采用设计说明、安全性评估、实验室试验、地面试验、飞行试验、模拟器试验的方法进行。

申请人应在系统设计说明中至少表明:①增稳系统或任何其他自动或带动力的操纵系统在设计时,已考虑到第 25.671(c)条中规定的各种故障,驾驶员在面对各种故障时可以采取初步对策而无须特殊的驾驶技巧或体力;②已提供应对第 25.671(c)条中规定的各种故障的对策和方式。

申请人在对相关系统进行安全性评估时,应考虑§25.671(c)的要求、驾驶员的反应及对付失效影响的能力。

申请人采取的实验室试验及机上地面试验,主要是对系统设计说明和安全性评估中得到的分析结果进行确认,通过模拟第 25.671(c)条中规定的各种故障,按照设计说明和安全性评估中得到的分析结果,检查系统或者出现故障的一部分系统是否能够被切断,或故障被以正常方式移动飞行操纵器件而超越。需确认在故障被应对后,飞机仍是可操纵的。

申请人在采用飞行试验(MOC6)进行符合性验证时,可以通过在增稳系统及自动和带动力的操纵系统中设置单个故障或故障组合,演示操纵的恢复。试验过程中,飞机不应出现超过 25 部规定的载荷或速度限制,同时试验中应就驾驶员的反应及操作工作做出记录和分析。此外,考虑到飞行试验的安全性,在飞行试验前飞行员需首先通过模拟器演练,同时当模拟器试验与飞行试验的相似性得到局方认可以后,可以采用模拟器试验替代部分飞行试验,用于表明第 25.672(b)条的符合性。

§ 25.672(c)

根据对已取证机型符合性方法的统计,第 25.672(c)条的符合性一般可采用设计说明、安全性评估、实验室试验、地面试验、飞行试验和模拟器试验的方法进行。

申请人在系统设计说明中应至少表明已采用有效的设计措施,或者通过限制《飞行手册》中实际使用包线,使得增稳系统及自动和带动力的操纵系统在发生单个故障后,仍然满足 CCAR25 部所规定的要求,如采用冗余系统或隔离等措施等。

申请人应对各个相关的系统进行安全性评估,并对出现的故障进行评定,评定中要参考第 25.671(c)条及第 25.1309 条的规定进行。

申请人应对系统设计说明和安全性评估中得到的分析结果进行确认,试验方法包括实验室试验、机上地面试验、飞行试验和模拟器试验。

3.2.3 CCAR 25.675 止动器

3.2.3.1 条款原文

第 25.675 条 止动器

(1)操纵系统必须设置能确实限制由该系统操纵的每一可动气动面运动范围的止动器。

(2)每个止动器的位置,必须使磨损、松动或松紧调节不会导致对飞机操纵特性产生不利影响的操纵面行程范围的变化。

(3)每个止动器必须能承受与操纵系统设计情况相应的任何载荷。

3.2.3.2 条款制订的目的

制订本条款的目的是提供能够确实限制操纵面运动的方法,同时要求止动器的设计足以承受与操纵系统设计相应的任何载荷。

3.2.3.3 条款修订历史和修正案情况

1) CCAR 条款修订历史

CCAR25.675 参照 FAR25.675 制订,迄今没有修订,与 FAA25.672 第 25—38 修正案保持一致。

2) FAR 条款修正案历史

FAR 条款的修正案历史如表 3-4 所示。

表 3-4 相关 FAA 修正案

序号	条款	名称	修正案	生效日期	目前状态
1	第 25.675 条	止动器		02/01/1965	
2	第 25.675 条	止动器	25—38	02/01/1977	√

本条款源自 CAR4b. 325 的规定,在 FAA 第 25—38 号修正案中对(a)款进行了修改。当时 FAA 考虑实际的服役经验,决定在新的第 25.675(a)条要求中将止动器的限制对象从操纵面扩大到所有可动气动面,从而提高安全性水平。

3.2.3.4 条款要点解析

本条款中"止动器"是指能够限制一个可移动部件移动距离的组件。设置操纵面止动器的目的是防止操纵面过度偏转并导致对飞机操纵特性产生不利影响。

目前止动器的设计有多种实现形式,如某已取证机型的水平安定面止动器采用的机械式止动块;再如另一已取证机型利用操纵面作动器作为主要舵面的止动器。

3.2.3.5 符合性验证思路和方法

本部分提及的符合性验证方法来自多种已取证的民机型号合格审查资料的综合,仅供参考。具体型号取证过程中使用的符合性验证方法以针对该型号制订并经中国民航管理当局批准的型号合格审定基础为准。

§ 25.675(a)

用于表明第 25.675(a)条符合性的方法一般包括设计说明、分析计算、试验、航空器检查和设备鉴定等。

如果采用设计图纸、技术说明书等说明性文件来表明第 25.675(a)条的符合性,则该说明性文件中应至少明确:每个可动操纵面都已按条款要求安装止动器;对每个止动器的实现方式做详细说明,表明每个止动器确实能够起到限制相关可动气动面运动范围的作用等。

从某机型的审定结果可知,如果当前设计使用了与已取得型号合格证的机型相似的止动器设计方案,也可以采用相似性分析方法来表明第 25.675(a)条的符合性。

对于设计说明和分析所得的结果一般还需经试验、航空器检查和(或)设备鉴定等方法进一步确认,根据已有的机型审定结果来看,试验方法主要为实验室试验和机上地面试验。

以某已取得型号合格证的机型为例,分别采用了机上地面试验、航空器检查、设备鉴定等 3 种方法,其中机上地面试验、航空器检查分别用于不同的操纵系统分系统,如机上地面试验用于升降舵控制系统、水平安定面控制系统;航空器检查分别用于副翼舵控制系统和方向舵控制系统。由于该型号的止动器功能由操纵面作动器实现,因此所有相关的作动器的止动器功能都采用设备鉴定方法确认。

§ 25.675(b)

用于表明第 25.675(b)条符合性的方法一般包括设计说明、分析计算、试验以及航空器检查等。

如果采用设计图纸、技术说明书等说明性文件来表明第 25.675(b)条的符合性,则该说明性文件中应至少明确:每个止动器的安装位置;每个止动器在出现磨损、松动或松紧调节的情况下,可能导致的操纵面行程变化范围;上述操纵行程范围的变化不会对飞机的操纵特性产生不利影响。

第25.675(b)条的符合性还可以通过计算分析的方法表示,通过计算得出止动器在发生磨损、松动或松紧调节的情况时所能导致的操纵面行程变化的容差范围。针对可能出现的最大操纵面行程变化容差值,通过分析或计算表明该操纵行程范围的变化不会对飞机的操纵特性产生不利影响。须向审查方提供相关止动器计算分析和相似性分析报告。

对于设计说明和分析所得的结果一般还需通过试验或检查的方法进一步确认。某已取得型号合格证的机型分别采用了机上地面试验和航空器检查两种方法。机上地面试验的作用和目的在于:确认止动器的安装位置是否与设计说明文件中的描述一致;通过模拟止动器磨损、松动或松紧调节所能导致的最大可能的操纵面行程变化范围,判明操纵面行程变化不会对飞机的操纵特性产生不利影响。

航空器检查的作用和目的在于:确认止动器的安装位置是否与设计说明文件中的描述一致;判明止动器磨损、松动或松紧调节所能导致的最大可能的操纵面行程变化范围;判明操纵面行程变化不会对飞机的操纵特性产生不利影响。

此外,也有某些机型审定结果表明,试验也可以是实验室试验,如"铁鸟"试验。实验室试验的作用和目的与机上地面试验一致。

§ 25.675(c)

可以通过载荷计算表明每个止动器的结构设计都具有足够的强度,以保证其能够承受与操纵系统设计情况相应的任何载荷,并在飞机的服役年限内保证其使用的有效性。这里的"设计情况"由第25.397(a)(b)(c)条,第25.399(a)(b)条和第25.405条定义,同时分析计算时还需考虑液压作动器的载荷影响。

此外,在助力操纵系统中,对作动器内设有止动器的这类作动器不仅应该按最大冲击载荷来设计,而且应按由于飞行期间可以预计到的循环载荷、由于地面检查和顺风滑行期间的撞击载荷造成的积累疲劳损伤进行设计。须提供相关止动器计算分析和相似性分析报告。

对于分析计算所得的结果还需用限制载荷下的静力试验加以验证,确认止动器的强度符合第25.675(c)条的要求。须提供静力试验的试验报告。

一般的,对于利用作动器实现止动器功能的设计,还需专门针对作动器进行设备鉴定及相关试验,包括作动器连接杆耐久性试验、止动器功能可靠性试验等,以便为表明第25.675(c)条的符合性提供更充分的依据。

3.2.4　CCAR 25.677　配平系统

3.2.4.1　条款原文

(a)　配平操纵器件的设计必须能防止无意的或粗暴的操作,其操作方向必须在飞机的运动平面内并和飞机运动的直感一致。

(b)　在配平操纵器件的近旁,必须设置指示装置以指示与飞机运动有关的配平操纵器件的运动方向。此外,必须有清晰易见的设施以指示配平装置在其可调范围内所处的位置。该指示装置必须在一定范围内清晰标记,在该范围内对于经批准的所有起飞重心位置的起飞都是安全的。

(c) 配平操纵系统的设计必须能防止在飞行中滑移。配平调整片操纵必须是不可逆的,除非调整片已作适当的平衡并表明不会发生颤振。

(d) 如果采用不可逆的调整片操纵系统,则从调整片到不可逆装置与飞机结构连接处之间的部分必须采用刚性连接。

中国民用航空局 2011 年 11 月 7 日第四次修订

3.2.4.2 条款制订的目的

制订本条款的目的是确保配平系统设计成能够防止无意的非配平情况和颤振问题。

3.2.4.3 条款修订历史和修正案情况

1) CCAR 条款修订历史

CCAR25.677 参照 FAR25.677 制订,迄今修订过一次。

CCAR25 R4,纳入了 FAA25 - 115 修正案的内容。修订(b)款,在要求指示装置指示配平装置所处位置的基础上,进一步要求指示装置指示能够安全起飞的配平装置的位置范围。

必须清晰标记一个范围,必须经过验证在该范围内对于经批准的所有起飞重心位置的起飞都是安全的。

2) FAR 条款修正案历史

FAR25.677 和 CAR4b.332 的规定,至目前已经过两次修订,FAR 条款修正案历史如表 3 - 5 所示。

表 3 - 5　相关 FAA 修正案

序号	条款	名称	修正案	生效日期	目前状态
1	第 25.677 条	配平系统		02/01/1965	
2	第 25.677 条	配平系统	25—23	05/08/1970	
3	第 25.677 条	配平系统	25—115	08/02/2004	√

FAA 针对 FAR25.677 的第一次修订是 1970 年颁布的第 25—23 号修正案。当时考虑到 FAR25.677(c)要求配平操纵独立于主飞行控制系统中的任何单点失效,但是并未清晰定义在出现单点失效后所需操纵能力的等级。同时考虑到该条款要求的基本目标是操纵系统在失效后,仍然能够确保飞机具有足够的能力持续安全飞行和着陆。根据当时的条款描述,实质要求配平操纵系统设计成独立于主操纵系统的形式。然而,现实中存在的其他设计方法,可能既能确保达到基本的安全性目标,又等价于甚至优于独立的配平操纵设计,因此,25—23 号修正案提议扩大当时的法规要求,以允许使用这些设计方法。具体的修改部分为删除 25.677(c)的第一

句话，即"Trim devices must be able to continue normal operation if any one connecting or transmitting element of the primary flight control system fails"（如果主飞行控制系统的任一联结或转换部件发生失效，配件系统必须能保证飞机的持续正常地操作）。

　　FAA 针对 FAR25.677 的第二次修订是 2004 年颁布的第 25—115 号修正案。当时 FAA 在与 JAA 进行条款差异性对比和协调过程中，考虑到当时的 FAR25.677(b) 较 JAR25.677(b) 缺少"The indicator must be clearly marked with the range within which it has been demonstrated that takeoff is safe for all center of gravity positions approved for takeoff"［即条款原文中(b)的后半段］这一要求，因此在此修正案提议中建议 FAR25.677(b) 增加 JAR25.677(b) 中相同内容，解决两部规章中存在的重大差异，提高 FAR25.677(b) 所要求的安全性水平。最终这一提议得到采纳。

3.2.4.4　条款要点解析

　　第 25.677 条针对配平操纵系统的设计提出要求，其中第 25.677(a) 条是对驾驶员配平操纵器件的设计要求，第 25.677(b) 条是对配平操纵器件的指示装置提出的要求，第 25.677(c) 条是对配平操纵系统的设计要求，第 25.677(d) 条是对配平操纵系统与结构的连接要求。

　　对于第 25.677(a) 条中"无意的或粗暴的"并无明确定量解释，但从已取证机型的设计实例来看，为了满足条文中关于"防止无意的或粗暴的操作"这一要求，配平操纵器件一般采用双极开关或旋钮，并带有隔挡装置和自动回中功能。

　　根据 FAA 第 25—115 号修正案中的解释，第 25.677(b) 条中出现的两个"范围(range)"的概念，其中第一个"范围"是指所有配平系统的可调范围(the range of adjustment)，也即全行程范围(full range of travel)；第二个"范围"指安全起飞范围，也即常常使用的起飞"绿带(green band)"，飞机在该范围内对于经批准的所有起飞重心位置起飞都是安全的。

3.2.4.5　符合性验证思路和方法

　　本部分提及的符合性验证方法来自多种已取证的民机型号合格审查资料的综合，仅供参考。具体型号取证过程中使用的符合性验证方法以针对该型号制订并经中国民航管理当局批准的型号合格审定基础为准。

§25.677(a)

　　用于表明第 25.677(a) 条符合性的方法一般包括设计说明、试验及航空器检查等。

　　如果采用设计图纸、技术说明书等说明性文件来表明第 677(a) 条的符合性，则该说明性文件中应至少明确：配平操纵系统各部件的组成及其功能；配平操纵系统的工作原理；各配平操纵器件操作方向的设计和安装符合第 677(a) 条的要求，即在飞机运动平面内并和飞机运动的直感一致；配平操纵器件的设计和安装足以防止驾驶员无意的或粗暴的操作。

而对于设计说明所得的结果一般还需经试验、航空器检查等方法进一步确认，根据已有的机型审定结果来看，试验方法包括实验室试验、机上地面试验、飞行试验以及工程模拟器试验。

飞行试验是表明第 677(a)条符合性的主要试验方法。配平试验的飞行条件可以是平稳的气流环境。须聘请试飞员对配平操纵器件的设计、安装和使用进行评估，包括配平操作器件的操作方向；操作的简易性、可达性；操纵器件运动的平滑性、力感觉；指示器的可见性（白天及晚上）；建立和保持配平状态的简易性以及飞机运动直感等。

由于工程模拟器也允许驾驶员在环操作，因此可以替代某些为表明第 25.677(a)条符合性的飞行试验，但需要考虑的是工程模拟器与真实飞机情况之间的相似性问题，如果两者之间存在的差别（如驾驶舱中关于配平操作器件的设计布局和安装条件）足以影响条款符合性的判定，则必须以最终设计及飞行试验为准。

一般来说，考虑到飞行试验的成本和可行性，不可能在所有期望的飞行条件和飞行状态下考查本条款的符合性，因此还须进行实验室试验和（或）机上地面试验，在这些试验中可以通过人为设置，模拟各种飞行条件和飞行状态，考查配平操纵系统对于条款要求的符合性。此外，针对航空器的检查也是表明本条款符合性的一种重要方式。

§ 25.677(b)

用于表明第 25.677(b)条符合性的方法一般包括设计说明、试验和航空器检查等。

如果采用设计图纸、技术说明书等说明性文件来表明第 677(b)条的符合性，则该说明性文件中应至少包含：每种配平操纵器件指示装置的设计方法和安装位置，以及每种指示装置用以指示与飞机运动有关的配平操纵器件运动方向的方法或手段；用以指示配平装置在其可调范围内所处位置的各种设施的设计方法和安装位置、指示内容能够正确显示配平装置所处位置信息的方法或手段，以及该位置信息在任何可预期的运行条件下为驾驶员清晰易见的方法或手段；指示装置中用于标记安全起飞范围的方法或手段、标记信息能够正确反映经批准的所有起飞中心位置信息的方法或手段，以及该标记信息在任何可预期的运行条件下为驾驶员清晰易见的方法或手段。

对于设计说明所得的结果一般还需经试验、航空器检查等方法进一步确认，根据已有的机型审定结果来看，试验方法包括实验室试验、机上地面试验以及飞行试验。在各种试验和航空器检查的过程中应特别注意聘请试飞员或其他相关专家就指示装置的安装位置、指示信息含义的清晰程度，以及指示信息的可见性等做重点评估。

§ 25.677(c)

用于表明第 25.677(c)条符合性的方法一般包括设计说明、分析计算和试验及设备鉴定等。

如果采用设计图纸、技术说明书等说明性文件进行表明第 677(b)条的符合性，则该说明性文件中应至少需明确用以防止配平操纵系统在飞行中滑移的设计措施。此外，对于采用可逆的配平调整片操纵设计，需明确对调整片做质量平衡的方法或手段。

考虑配平操纵系统可能承受的气动载荷，可以通过分析计算的方法表明配平操纵系统能够防止由气动载荷影响导致的滑移。此外，对于可逆的配平调整片操纵设计，还需进行颤振分析和计算。

同时，对于设计说明和分析计算所得的结果还需经过实验室试验、飞行试验以及设备鉴定等方法进一步确认。

§ 25.677(d)

对于第 25.677(d)条符合性的表明，一般采用设计图纸、技术说明书等说明性文件进行。如果采用不可逆的调整片操纵系统，则该说明性文件中应至少需明确从调整片到不可逆装置与飞机结构连接处之间刚性连接的方式和位置。对于未采用不可逆的调整片操纵系统设计，则可以声明该条款不适用。

3.2.5   CCAR 25.679   操纵系统突风锁

3.2.5.1   条款原文

（a）必须设置防止飞机在地面或水面时因受突风冲击而损坏操纵面(包括调整片)和操纵系统的装置。如果该装置啮合时会妨碍驾驶员对操纵面的正常操纵，则该装置必须满足下列要求之一：

（1）当驾驶员以正常方式操纵主飞行操纵器件时能自动脱开；

（2）能限制飞机的运行，使驾驶员在开始起飞时就获得不致误解的警告。

（b）突风锁装置必须具有防止它在飞行中可能偶然啮合的措施。

3.2.5.2   条款制订的目的

制订本条款的目的是保护飞行操纵系统不受地面突风情况的影响，并防止突风锁系统干扰飞机的正常运行。

3.2.5.3   条款修订历史和修正案情况

1) CCAR 条款修订历史

CCAR25.679 参照 FAR25.679 制订，迄今没有修订过。

2) FAR 条款修正案历史

FAR25.679 源自 CAR4b.326 的规定，迄今没有修订过。

3.2.5.4   条款要点解析

§ 25.679(a)(2)

操纵系统突风锁装置应在飞行前通过限制控制器件的运动(如卡死推力操纵手柄)来达到限制飞行器运行的目的，因此，该操纵系统突风锁装置应设计成即使在失调或磨损的情况下，只要突风锁装置工作，该装置仍能执行预定的功能：

(1) 该装置一旦啮合,操纵器件的运动就受到限制。

(2) 该装置啮合一旦脱开,操纵器件的运动就不受限制。

§ 25.679(b)

条款要求中所述的"飞行中"表示飞机为达到飞行的目的,在自身发动机推力作用下开始运动的那一刻起,直到降落至地面停止的时刻为止。

3.2.5.5 符合性验证思路和方法

本部分提及的符合性验证方法来自多种已取证的民机型号合格审查资料的综合,仅供参考。具体型号取证过程中使用的符合性验证方法以针对该型号制订并经中国民航管理当局批准的型号合格审定基础为准。

§ 25.679(a)

根据已有的机型审定结果来看,用于表明第 25.679(a)条符合性的方法一般包括设计说明、分析计算及设备鉴定。设计说明中应至少说明操纵系统突风锁装置的系统组成和工作原理;是否能够在各种预期的工作环境下,如失调或磨损的情况下,仍然能够执行预定的功能,并满足第 25.679(a)条的要求。此外,针对驾驶员设计的警告装置,至少应说明:①无论在白天或晚上的操作中,驾驶员都能够容易地辨别警告装置。警告装置的颜色、位置、形状和可达性、驾驶员处在飞行位置时开锁的容易程度、标记是否容易识别等都已考虑;②在操纵系统突风锁装置锁住时,锁应设计成限制飞机的起动,使得在开始起飞前或起飞时,用有效的方法使驾驶舱中接到不致误解的警告。如:①阻止施加足以使飞机起飞的发动机功率;②主驾驶员操纵装置移置;③驾驶盘向前移或一个不能消除的音响警告装置等。

考虑到操纵系统可能承受的突风载荷,至少应通过分析计算表明操纵系统防突风装置在设计时已考虑可预计的最大突风载荷强度,并已考虑该装置的疲劳、磨损、使用寿命等问题。

通过设备鉴定的方法确认操纵系统突风锁装置的设计符合第 25.679(a)条的要求。

§ 25.679(b)

根据已有的机型审定结果来看,用于表明第 25.679(b)条符合性的方法一般包括设计说明、分析计算。

3.2.6 CCAR 25.681 限制载荷静力试验

3.2.6.1 条款原文

第 25.681 条 限制载荷静力试验

(a) 必须按下列规定进行试验,来表明满足本部限制载荷的要求:

(1) 试验载荷的方向应在操纵系统中产生最严重的受载状态;

(2) 试验中应包括每个接头、滑轮和用以将系统连接到主要结构上的支座。

(b) 作角运动的操纵系统的关节接头,必须用分析或单独的载荷试验表明满足特殊系数的要求。

3.2.6.2 条款制订的目的

制订本条款的目的是为了确保飞行操纵系统能够承受在服役期间可能出现的任何载荷,同时确认结构变形不会带来危害。

3.2.6.3 条款修订历史和修正案情况

1) CCAR 条款修订历史

CCAR25.681 参照 FAR25.681 制订,迄今没有修订过。

2) FAR 条款修正案历史

FAR25.681 源自 CAR4b.327 的规定,迄今没有修订过。

3.2.6.4 条款要点解析

限制载荷是飞机在使用中预计可能遇到的最大载荷。在使用中不允许超过该载荷,如果超过该载荷,结构可能发生有害的永久变形或损坏。

3.2.6.5 符合性验证思路和方法

本部分提及的符合性验证方法来自多种已取证的民机型号合格审查资料的综合,仅供参考。具体型号取证过程中使用的符合性验证方法以针对该型号制订并经中国民航管理当局批准的型号合格审定基础为准。

§ 25.681(a)

根据已有的机型审定结果来看,用于表明第 25.681(a)条符合性的方法一般包括分析计算、实验室试验及设备鉴定,但在有些机型中还特别采用飞行试验进行。在分析计算时对于操纵系统及其支承结构的强度,应按 CCAR25 部第 25.301 条至第 25.307 条的强度要求和第 25.391 条至第 25.459 条规定的载荷情况进行,给出临界的载荷情况。试验验证或设备鉴定时应按本条款的规定严格执行。实验室试验可以采用试验台("铁鸟")或静力试验进行。

§ 25.681(b)

第 25.681(b)条符合性的方法已在条款中有了明确规定,即一般采用分析计算及试验的方法,根据已有的机型审定结果来看,试验主要采用实验室试验的方法进行,但在有些机型中还特别采用飞行试验进行。

3.2.7 CCAR 25.683 操作试验

3.2.7.1 条款原文

必须用操作试验表明,对操纵系统中受驾驶员作用力的部分施加规定的该系统限制载荷的 80%,以及对操纵系统中受动力载荷的部分施加正常运行中预期的最大载荷时,系统不出现下列情况:

(a) 卡阻;

(b) 过度摩擦;

(c) 过度变形。

3.2.7.2 条款制订的目的

制订本条款的目的在于确保操纵系统在可能的运行载荷条件下不会受到卡阻、

过度摩擦及过度变形的影响。

3.2.7.3　条款修订历史和修正案情况

1) CCAR 条款修订历史

CCAR25.683 参照 FAR25.683 制订,迄今没有修订,与 FAR25.683 第 25—23 修正案的内容保持一致。

2) FAR 条款修正案历史

FAR 条款修正案历史,如表 3-6 所示。

表 3-6　相关 FAA 修正案

序号	条款	名称	修正案	生效日期	目前状态
1	第 25.683 条	操作试验		02/01/1965	
2	第 25.683 条	操作试验	25—23	05/08/1970	√

第 25.683 条源于 CAR 的第 4b.328 条。FAA 在 1970 年 4 月 8 日颁布的 25—23 号修正案中对当时的第 25.683 条进行了修订。修订前的第 25.683 条要求限制过大,也就是要求在操纵系统操作试验中,整个操纵系统的受载须达到规定的限制载荷的 80%。对于有动力的操纵系统来说,这样的载荷要求可能导致不真实的试验结果。因此,25—23 号修正案将第 25.683 条的受载要求修改得更为合理,以适应操纵系统有动力部分的操作试验。目前经 25—23 号修正案修改的第 25.683 条一直沿用至今。

1986 年 FAA 针对第 25.683 条曾颁布一条政策,即"Policy Regarding Compliance With Control System Operations Test"(操纵系统操作试验的政策考虑)。

3.2.7.4　条款要点解析

对于第 25.683 条中"无过度变形"描述,行业专家的解释是:只要驾驶舱的操纵机构在限制载荷作用下,做全行程运动,使相应舵面得到的最大偏角能够满足飞机飞行特性的要求,便可认为该系统无过度变形。

3.2.7.5　符合性验证思路和方法

根据对已取证机型符合性方法的统计,第 25.683 条的符合性一般采用设计说明、分析和计算、实验室试验、地面试验的方法进行。也存在机型采用飞行试验、航空器检查和设备鉴定的方法。

3.2.8　CCAR 25.685　操纵系统的细节设计

3.2.8.1　条款原文

(a)操纵系统的每个细节必须设计和安装成能防止因货物、旅客、松散物或水汽凝冻引起的卡阻、摩擦和干扰。

(b)驾驶舱内必须有措施在外来物可能卡住操纵系统的部位防止其进入。

(c)必须有措施防止钢索或管子拍击其他零件。

(d) 第 25.689 条和第 25.693 条适用于钢索系统和关节接头。

3.2.8.2　条款制订的目的

制订本条款的目的是使操纵系统的细节设计和安装应尽可能避免卡阻的发生。

3.2.8.3　条款修订历史和修正案情况

1) CCAR 条款修订历史

CCAR25.685 参照 FAR25.685 制订,迄今没有修订过,与 FAR25.685 第 25—38 修正案的内容保持一致。

2) FAR 条款修正案历史

FAR 条款修正案历史,如表 3-7 所示。

表 3-7　相关 FAA 修正案

序号	条款	名称	修正案	生效日期	目前状态
1	第 25.685 条	操纵系统的细节设计		02/01/1965	
2	第 25.685 条	操纵系统的细节设计	25—38	02/01/1977	√

第 25.685 条源于 CAR 的 4b.329 条款,与该条款相关的 FAA 修正案为 1976 年颁布的第 25—38 号修正案。当时,FAA 考虑到第 25—38 号修正案之前的第 25.685 条没有对因为水汽凝冻引起的操纵系统卡阻问题做出明确要求,而水汽凝冻又是引起操纵系统卡阻最常见的原因之一,因此 FAA 在第 25—38 号修正案中增加了针对水汽凝冻的要求。

事实上,在 FAA 第 25—38 号修正案的修订过程中还曾提出增加新的第 25.685 (e)条,其要求具体如下:

每个操纵系统,包括其结构部件、电线及液压管线,必须布置成在飞机飞行过程中,当出现任何地板或机身段局部失效时,不会丧失对飞机的控制而妨碍飞机持续安全飞行和着陆。

FAA 希望合适的操纵系统布置能够使飞机具有在飞行过程中发生局部结构失效的情况下保持持续安全飞行和着陆的能力。对于这个增加的第 25.685(e)条提案,FAA 收到很多反对和支持的评论意见。有些评论人员同意提案的内容,同时还对提案提供小的更改意见,如一份支持性评论中提出:应规定仅对无法表明是极不可能的失效进行考虑。而一份表示反对的评论意见则认为,提案中对法规内容的改变已经包括在第 25.365(e)条要求之中,即要求导致快速释压的地板失效必须表明是极不可能的。此外,另一份反对性评论中陈述:第 25.671(c)条要求操纵系统设计成能够容忍失效,同时操纵系统的损伤更多时候归因于其他来源。这份评论中申明服役经历和合理的分析都表明地板结构对操纵系统免于来自这些来源的损伤提供了最有效的保护。

FAA 随后进行了进一步的研究,同意各评论中关于此提案目标已经被当时存在的 FAR25 中其他条款要求所覆盖的意见,这些条款包括第 25.365(e)、25.571、25.671、25.629、25.631、25.901(d)条等。因此,新增第 25.685(e)条的提案在 FAA 第 25—54 号修正案中被否决。经第 25—38 号修正案修改后的第 25.685 条要求一致沿用至今。

3.2.8.4　条款要点解析

§ 25.685(a)

在评定是否符合本款时,除货物、旅客、松散物引起的卡阻外,应特别考虑因零件内部或外部积水冰冻造成的操纵线路卡阻,对下列部位应特别注意:

(1) 操纵系统从增压舱引出来的部位。

(2) 在正常或故障的情况下有可能被飞机水系统污染的组件;如有必要,应当遮蔽这些组件。

(3) 雨水和(或)冷凝水能够滴入或聚积的组件。

(4) 在其内部水蒸气能够凝冷及水能够积聚的组件。

此外,对于暴露在外部的操纵组件(如作动器、扭力管、滚珠丝杠等),若元件之间有相对运动,也要考虑该组件上积聚的霜或冰可能引起的卡阻。

§ 25.685(b)

25.685(b)条要求驾驶舱内必须有措施防止外来物的进入而卡住操纵系统。已有很多由于工具、螺钉、螺栓、螺帽和其他物体限制飞行操纵机构而使操纵卡死的例子。因此,操纵系统的各种机构和安装都应设计成能防止外来物卡死。

评定这一款的符合性时,应注意系统中的如下部件:

(1) 平行杆系和直角摇臂平行的紧凑部件,虽有整齐的外观,但提供了很多卡死的机会。

(2) 距地板和其他水平面太近的操纵机械,易于积聚遗失物,类似的情况还有在凹陷或整流罩内运动的摇臂端头。

(3) 地板、操纵控制台等的孔和缝,由于结构和支架的布置,使来自这些孔和缝的外来物正对准操纵系统的组件。

(4) 多个摇臂安装在同一轴上,且具有减轻孔。

(5) 工作在具有水平枢轴上的链条(经验表明,这样的链条容易积聚铆钉、小螺钉等,使链条齿卡住)。

(6) 在齿轮与箱体之间或以不同速度运动的齿轮之间,没有足够的间隙。

另对于滑轮和轮索鼓轮,小螺钉等易掉入滑轮、钢索鼓轮与防护板之间的间隙,造成滑轮或鼓轮卡阻。

3.2.8.5　符合性验证思路和方法

本部分提及的符合性验证方法来自多种已取证的民机型号合格审查资料的综合,仅供参考。具体型号取证过程中使用的符合性验证方法以针对该型号制订并经中国民航管理当局批准的型号合格审定基础为准。

§25.685(a)

根据对已取证机型符合性方法的统计,第25.685(a)条的符合性一般可采用设计说明和航空器检查的方法进行。也存在一些机型还采用了设备鉴定的方法来表明第25.685(a)条的符合性。

§25.685(b)

根据对已取证机型符合性方法的统计,第25.685(b)条的符合性一般可采用设计说明和航空器检查的方法进行。也存在一些机型还采用了设备鉴定的方法来表明第25.685(b)条的符合性。

§25.685(c)

根据对已取证机型符合性方法的统计,第25.685(c)条的符合性一般可采用设计说明和航空器检查的方法进行。

§25.685(d)

根据对已取证机型符合性方法的统计,第25.685(d)条的符合性一般可采用设计说明和航空器检查的方法进行。也存在一些机型还采用了分析计算的方法来表明第25.685(d)条的符合性。对于本条款的符合性还需进一步见第25.689条及第25.693条的相关内容。

3.2.9　CCAR 25.689　钢索系统

3.2.9.1　条款原文

(a) 钢索、钢索接头、松紧螺套、编结接头和滑轮必须经批准。此外还应满足下列要求:

(1) 副翼、升降舵或方向舵系统不得采用直径小于 $3.2\,mm(\frac{1}{8}\,in^{①})$ 的钢索。

(2) 钢索系统的设计,必须在各种运行情况和温度变化下在整个行程范围内使钢索张力没有危险的变化。

(b) 每种滑轮的形式和尺寸必须与所配用的钢索相适应。滑轮和链轮必须装有紧靠的保护装置,以防止钢索或链条滑脱或缠结。每个滑轮必须位于钢索通过的平面内,使钢索不致摩擦滑轮的凸缘。

(c) 安装导引件而引起的钢索方向变化不得超过3°。

(d) 在操纵系统中需受载或活动的 U 形夹销钉,不得仅使用开口销保险。

(e) 连接到有角运动的零件上的松紧螺套必须能确实防止在整个行程范围内发生卡滞。

(f) 必须能对导引件、滑轮、钢索接头和松紧螺套进行目视检查。

3.2.9.2　条款制订的目的

制订本条款的主要目的在于防止操纵系统钢索磨损、疲劳、火、闪电造成损坏以

---

① in 即英寸,1 in=0.025 4 m。

及意外损坏。

3.2.9.3 条款修订历史和修正案情况

1) CCAR 条款修订历史

CCAR25.689 参照 FAR25.689 制订,迄今没有修订。

2) FAR 条款修正案历史

FAR25.689 源于 CAR 的第 4b. 329 条。目前没有与第 25. 689 条相关的修正案。

3.2.9.4 条款要点解析

第 25.689(a)条中"经批准"的含义是符合经适航当局批准的选用标准或适航当局制订的技术标准。

3.2.9.5 符合性验证思路和方法

本部分提及的符合性验证方法来自多种已取证的民机型号合格审查资料的综合,仅供参考。具体型号取证过程中使用的符合性验证方法以针对该型号制订并经中国民航管理当局批准的型号合格审定基础为准。

§ 25. 689(a)

根据对已取证机型符合性方法的统计,第 25.689(a)条的符合性一般可采用设计说明、分析计算和航空器检查等方法进行。也存在一些机型使用飞行试验的方法来表明第 25.689(a)条的符合性。

§ 25. 689(b)

根据对已取证机型符合性方法的统计,第 25.689(b)条的符合性一般可采用设计说明、分析计算和航空器检查 3 种方法进行。

§ 25. 689(c)

根据对已取证机型符合性方法的统计,第 25.689(c)条的符合性一般可采用设计说明、分析计算和航空器检查 3 种方法进行。

§ 25. 689(d)

根据对已取证机型符合性方法的统计,第 25.689(d)条的符合性一般可采用设计说明、分析计算和航空器检查 3 种方法进行。

§ 25. 689(e)

根据对已取证机型符合性方法的统计,第 25.689(d)条的符合性一般可采用设计说明、分析计算和航空器检查 3 种方法进行。此外,还可以采取实验室试验的方法,对全机钢索操纵系统做功能试验,检查第 25.689(e)条提及的连接形式结构,在全行程范围内不会发生卡滞。

§ 25. 689(f)

根据对已取证机型符合性方法的统计,第 25.689(d)条的符合性一般可采用设计说明和航空器检查方法进行。

3.2.10　CCAR 25.693　关节接头

3.2.10.1　条款原文

有角运动的操纵系统的关节接头(在推拉系统中),除了具有滚珠和滚柱轴承的关节接头外,用作支承的最软材料的极限支承强度必须具有不低于3.33的特殊安全系数。对于钢索操纵系统的关节接头,该系数允许降至2.0。对滚珠和滚柱轴承,不得超过经批准的载荷额定值。

3.2.10.2　条款制订的目的

制订本条款的主要目的在于要求在设计中考虑对轴承的磨损、机械损伤和冲击载荷。

3.2.10.3　条款修订历史和修正案情况

1) CCAR 条款修订历史

CCAR25.693 参照 FAR25.693 制订,迄今没有修订过。

2) FAR 条款修正案历史

FAR25.693 源于 CAR 的第 4b.329 条。目前与第 25.693 条有关的 FAA 修正案为 1990 年颁布的第 25—72 号修正案,FAR 修正案历史,如表 3-8 所示。

表 3-8　相关 FAA 修正案

序号	条款	名称	修正案	生效日期	目前状态
1	第 25.693 条	关节接头		02/01/1965	
2	第 25.693 条	关节接头	25—72	08/20/1990	√

在第 25—72 号修正案颁布之前,第 25.693 条中曾要求"For ball or roller bearings, the approved ratings, including those established in MIL - HDBK - 5 "Metallic Materials and Elements for Flight Vehicle Structure", may not be exceeded"(对于滚珠和滚柱轴承,不得超过经批准的载荷额定值,包括 MIL - HDBK - 5 中"金属材料和飞行器结构元素"建立的额定值)。在修正案提案中,FAA 认为引用 MIL - HDBK - 5 作为参考是不正确的,因此建议删除此项要求。最终,该项提案被通过。经第 25—72 号修正案修订的第 25.693 条沿用至今。

3.2.10.4　条款要点解析

第 25.693 条中"经批准"的含义是符合经适航当局批准的选用标准或适航当局制订的技术标准。

3.2.10.5　符合性验证思路和方法

根据对已取证机型符合性方法的统计,第 25.693 条的符合性一般可采用设计说明、分析/计算和实验室试验的方法进行。

3.2.11 CCAR 25.697 升力和阻力装置及其操纵器件

3.2.11.1 条款原文

（a）每个升力装置操纵器件的设计,必须使驾驶员能将该升力装置置于第25.101（d）条中规定的起飞、航路、进场或着陆的任一位置。除由自动定位装置或载荷限制装置所产生的运动外,升力和阻力装置必须保持在这些选定的位置上而无需驾驶员进一步注意。

（b）每个升力和阻力装置操纵器件的设计和布置必须使无意的操作不大可能发生。仅供地面使用的升力和阻力装置,如果在飞行中工作可能会造成危险,则必须有措施防止飞行中对其操纵器件进行误操作。

（c）在空速、发动机功率（推力）和飞机姿态的定常或变化的条件下,各操纵面响应操纵器件动作的运动速率,以及自动定位装置或载荷限制装置的特性,必须使飞机具有满意的飞行特性和性能。

（d）升力装置操纵机构必须设计成,在低于 $V_F+9.0\,\mathrm{kn}$[①] 的任一速度下以发动机最大连续功率（推力）作定常飞行时,能将操纵面从全展位置收起。

3.2.11.2 条款制订的目的

制订本条款的目的在于确保飞机在服役期间所有预期的运行条件下,飞机的升力和阻力装置能够安全工作。

3.2.11.3 条款修订历史和修正案情况

1) CCAR 条款修订历史

CCAR25.697 参照 FAR25.697 制订,迄今没有修订过。

2) FAR 条款修正案历史

FAR 条款修正案历史,如表 3-9 所示。

表 3-9　相关 FAA 修正案

序号	条款	名称	修正案	生效日期	目前状态
1	第 25.697 条	机翼襟翼控制		02/01/1965	
2	第 25.697 条	升力和阻力装置及其操纵器件	25—23	05/08/1970	
3	第 25.697 条	升力和阻力装置及其操纵器件	25—46	12/01/1978	
4	第 25.697 条	升力和阻力装置及其操纵器件	25—57	03/26/1984	√

本条款源于 CAR 的 4b.323 条款。与本条款相关的 FAA 修正案包括:第 25—00 号修正案、第 25—23 号修正案、第 25—46 号修正案及第 25—57 号修正案。

第 25—00 号修正案提供了 CAR 的 4b.323 条款转变成 FAR25.697 条款的最初描述。

---

① kn 即海里/时,1 kn＝1.852 km/h。

第 25—23 号修正案较第 25—00 号修正案存在较大的改动,即条文要求的对象从原条款仅针对"机翼襟翼"(wing flap)扩大为所有相关的升力阻力装置(lift and drag device)。

第 25—46 号修正案主要针对 25.697(b)条款进行。原第 25—23 号修正案后的第 697(b)条描述为"The lift and drag device controls must be designed and located to make inadvertent operation improbable",即"每个升力和阻力装置操纵器件的设计和布置必须使无意的操作不大可能发生"。FAA 考虑到对于仅在地面使用的升力和阻力装置,根据服役经历显示,该条款要求是不充分的。FAA 相信当这些装置的动作可能导致危害性的后果,有必要要求这些装置不能在空中工作。因此经第 25—46 号修正案后,25.697(b)条款的描述为:"Each lift and drag device control must be designed and located to make inadvertent operation improbable. Lift and drag devices intended for ground operation only must have means to prevent the inadvertant operation of their controls in flight if that operation could be hazardous",即"每个升力和阻力装置操纵器件的设计和布置必须使无意的操作不大可能发生。仅供地面使用的升力和阻力装置,如果在飞行中工作可能会造成危险,则必须有措施防止飞行中对其操纵器件进行误操作"。

第 25—57 号修正案仅对原条款描述中的引用错误进行修改,即将原 25.697(a)条款中"established under Sec. 25.47"改为"established under Sec. 25.101(d)"。

3.2.11.4　条款要点解析

对于条款 25.697(c)中"满意的飞行特性和性能"中"满意的"可以解释为:

(1) 在条款 25.697(c)规定的飞行状态下,飞机的飞行特性和性能满足适航标准中其他相关条款对于飞行特性和性能的明确要求。

(2) 在飞行员定性的评测时,达到事先确定的评判标准要求。

(3) 符合局方制订的其他评定要求。

3.2.11.5　符合性验证思路和方法

本部分提及的符合性验证方法来自多种已取证的民机型号合格审查资料的综合,仅供参考。具体型号取证过程中使用的符合性验证方法以针对该型号制订并经中国民航管理当局批准的型号合格审定基础为准。

§ 25.697(a)

根据对已取证机型符合性方法的统计,第 25.697(a)条的符合性一般可采用设计说明、安全性评估、实验室试验、地面试验、飞行试验和航空器检查的方法进行。

§ 25.697(b)

根据对已取证机型符合性方法的统计,第 25.697(b)条的符合性一般可采用设计说明、安全性评估、实验室试验、地面试验、飞行试验和航空器检查的方法进行。

§ 25.697(c)

根据对已取证机型符合性方法的统计,第 25.697(c)条的符合性一般可采用设计说明、分析/计算、实验室试验、地面试验和飞行试验的方法进行。

§ 25.697(d)

根据对已取证机型符合性方法的统计,第 25.697(d)条的符合性一般可采用符合性说明、设计说明、分析/计算、实验室试验、地面试验和飞行试验的方法进行。

3.2.12 CCAR 25.699 升力和阻力装置指示器

3.2.12.1 条款原文

(a)对于每一升力和阻力装置,如果驾驶舱内设有独立的操纵器件用于调整其位置,则必须设置向驾驶员指示其位置的装置。此外,对于升力或阻力装置系统中出现的不对称工作或其他功能不正常,考虑其对飞行特性和性能的影响,如果必须有指示,才能使驾驶员防止或对付不安全的飞行或地面情况,则必须设置该指示装置。

b)必须设置向驾驶员指示升力装置在起飞、航路、进场和着陆位置的装置。

c)如果升力和阻力装置具有可能超出着陆位置的任一放下位置,则在操纵器件上必须清楚地制出标记,以便识别超出的范围。

3.2.12.2 条款制订的目的

制订本条款的目的是要求向飞行员提供飞机在起飞、航路、进近及着陆飞行条件下,高升力和阻力装置操纵面位置的视觉指示。

3.2.12.3 条款修订历史和修正案情况

1) CCAR 条款修订历史

CCAR25.699 参照 FAR25.699 制订,迄今没有修订过。

2) FAR 条款修正案历史

FAR 条款修正案历史,如表 3-10 所示。

表 3-10 相关 FAA 修正案

序号	条款	名称	修正案	生效日期	目前状态
1	第 25.699 条	机翼襟翼位置指示器		02/01/1965	
2	第 25.699 条	升力和阻力装置指示器	25—23	05/08/1970	√

本条款源于 CAR4b 中的第 4b.323(e)条与第 4b.323(f)条。与本条款相关的 FAA 修正案包括:25—00 号修正案以及 25—23 号修正案。

25—00 号修正案提供了 CAR 的第 4b.323(e)条与第 4b.323(f)条转变成 FAR25.699 条款的最初描述。

FAA 的 25—23 号修正案将原第 25.699 条要求扩展至覆盖所有的高阻力装置或高升力装置(如缝翼、扰流板),同时增加了向所有具有独立驾驶舱操纵器件的升力及阻力装置提供位置指示的要求。当时,FAA 考虑原操纵系统要求没有特别覆盖高阻力装置或高升力装置(如缝翼、扰流板),而仅仅只是覆盖后缘襟翼。既然这些装置已被广泛应用并与飞行安全密切相关,第25—23号修正案提案将增加要求以覆盖所有的高阻力与高升力装置,同时该修正案提案也包括对这些装置的操纵器件以及位置指示的增加要求。对于这些装置位置指示的设计要求必须是驾驶员能够对操纵器件进行操作,同时能够向驾驶员提供操纵装置的位置。既然服役经历表明升力阻力装置的非对称位置是涉及飞行安全的一个因素,第25—23号修正案提案要求提供指示升力阻力装置非对称位置的方法。同时,第25—23号修正案提案增加了升力装置操纵机构能够在飞行速度介于 $V_Y+8.5$ 至 $V_Y=9.0$ 之间的任一位置,能将操纵面从全展位收起的要求。

3.2.12.4 条款要点解析

第25.699(b)条要求高升力装置和阻力装置的指示系统必须为驾驶员提供其操纵面在起飞、航路、进近和着陆中的清晰位置指示。根据FAA颁布的AC25 - 14中的解释,位置传感器的定位应当使其能够直接指示出失效的情况。对于其失效需要飞行机组采取行动或改变程序的每一组功能相关的操纵面(例如,飞机对称面每侧由共用驱动器驱动,或用其他方法保持同步以保证对称作动的一组操纵面),都应当有独立的监控器。例如,相对机身轴线处于非对称形态的一组功能相关襟翼,就需要在起飞前向飞行机组提供非对称指示。这类给飞行机组的指示不需要指示是哪个操纵面失效,但是必须明确反映非正常的形态(第25.699条)。驾驶舱的操纵面位置显示,也必须在由高升力"非对称"放下引起的故障与高升力"不一致"情况之间有明显的区别。当高升力面停止的位置与驾驶员通过襟翼选择开关或手柄的指令位置不同时,就会出现"不一致"情况。这样的区别可以帮助驾驶员使用合适的程序,进而采取放下、收上或保持高升力或阻力装置原样继续飞行。

同时根据第25.703条针对起飞告警系统的要求,传感装置应当能够感知每一功能相关高升力装置组(相对飞机中心线对称)的位置,并且如果在起飞滑跑初始阶段有任何一组不在经批准的起飞位置时,提供音响告警。

3.2.12.5 符合性验证思路和方法

本部分提及的符合性验证方法来自多种已取证的民机型号合格审查资料的综合,仅供参考。具体型号取证过程中使用的符合性验证方法以针对该型号制订并经中国民航管理当局批准的型号合格审定基础为准。

§ 25.699(a)

根据对已取证机型符合性方法的统计,第25.699(a)条的符合性一般可采用设计说明、安全性评估、实验室试验、地面试验、飞行试验和航空器检查的方法进行。

§ 25.699(b)

根据对已取证机型符合性方法的统计,第25.699(b)条的符合性一般可采用设计说明、实验室试验、飞行试验和航空器检查的方法进行。

§ 25.699(c)

根据对已取证机型符合性方法的统计,第25.699(c)条的符合性一般可采用符合性声明、设计说明和航空器检查的方法进行。

3.2.13 CCAR 25.701 襟翼与缝翼的交连

3.2.13.1 条款原文

（a）飞机对称面两边的襟翼或缝翼的运动，必须通过机械交连或经批准的等效手段保持同步，除非当一边襟翼或缝翼收上而另一边襟翼或缝翼放下时，飞机具有安全的飞行特性。

（b）如果采用襟翼或缝翼交连或等效手段，则其设计必须计及适用的不对称载荷，包括对称面一边的发动机不工作而其余发动机为起飞功率（推力）时，飞行所产生的不对称载荷。

（c）对于襟翼或缝翼不受滑流作用的飞机，有关结构必须按一边襟翼或缝翼承受规定对称情况下出现的最严重载荷，而另一边襟翼或缝翼承受不大于该载荷的80%进行设计。

（d）交连机构必须按对称面一边受交连的襟翼或缝翼卡住不动而另一边襟翼或缝翼可自由运动，并施加活动面作动系统全部动力所产生的载荷进行设计。

3.2.13.2 条款制订的目的

制订本条款的目的是要求安装交连系统，除非飞机具有在襟翼或缝翼非对称展开时仍具有安全飞行的能力，同时本条款还建立交连系统的设计载荷条件。

3.2.13.3 条款修订历史和修正案情况

1) CCAR 条款修订历史

CCAR25.701 参照 FAR25.701 制订，迄今没有修订过。

2) FAR 条款修正案历史

FAR 条款修正案历史，如表 3-11 所示。

表 3-11 相关 FAA 修正案

序号	条款	名称	修正案	生效日期	目前状态
1	第 25.701 条	襟翼的交连		02/01/1965	
2	第 25.701 条	襟翼的交连	25—23	05/08/1970	
3	第 25.701 条	襟翼和缝翼的交连	25—72	08/20/1990	√

本条款源于 CAR4b.324 条款。与本条款相关的 FAA 修正案包括：第 25—00 号修正案、第 25—23 号修正案、第 25—46 号修正案和第 25—72 号修正案。

第 25—00 号修正案提供了 CAR 的第 4b.324 条转变成 FAR25.701 条款的最初描述。

在第 25—23 号修正案修订的过程中，FAA 拟将当时的第 25.701 条关于襟翼交连的要求扩展至要求任何高升力或阻力的机械交连问题，如果其非对称工作会带来危害性的结果。同时 FAA 考虑到当时的一起事故，其原因在于襟翼一侧卡阻，随后机械交连失效,最终导致非对称的襟翼。此次事故及其他服役经历表明需要针对高升力和阻力系统一侧卡阻情形进行特殊设计,同时系统还必须设计成在任何单个失效和可能的组合失效出现后,仍能保证飞机的持续安全飞行。经过征集意见后,FAA 在第 25—23 号修正案中针对第 25.701 条的修改包括两处:第一,删除原第 25.701(b)条,即"(b) If a mechanical interconnection is used, there must be means to prevent hazardous unsymmetrical operation of the wing flaps after any reasonably possible single failure of the flap actuating system"(如果采用机械式联接,当副翼的任一可能的单个失效发生后,必须有设计手段阻止危害的机身副翼的将对称运行),因为 FAA 认为关于单点失效的要求,已经包括在第 25.671 条之中;第二,增加了一个新的第 25.701(d)条,即"The flap interconnection must be designed for the loads resulting when the flap surfaces on one side of the plane symmetry are jammed and immovable while the surfaces on the other side are free to more and the full power of the surface actuating system is applied"(交连机构必须按对称面一边受交连的襟翼或缝翼卡住不动而另一边襟翼或缝翼可自由运动,并施加活动面作动系统全部动力所产生的载荷进行设计)。

第 25—46 号修正案提案主要在第 25—23 号修正案的基础上,提议在第 25.701(a)条中增加"equally reliable means",即"等效可靠的手段"。针对该提案,有评论意见表示反对,这类意见质疑的焦点在于何种手段能与机械交连同等可靠。但 FAA 认为在应用中存在这类装置或者将可以实现,并且至少与机械系统同等可靠,而且将会是可接受的备选方案。然而,为了澄清这项提案规定的目的,改用"approved equal means",即"允许等效手段"替代"同等可靠手段"的描述形式,并最终通过了第 25—46 号修正案。

第 25—72 号修正案提案主要在第 25—48 号修正案的基础上,将原条文仅对襟翼的要求扩展成针对襟翼和缝翼的要求,以确保对不对称缝翼问题的重视,最终第 25—72 号修正案对于第 25.701 条的修改得到通过。

3.2.13.4 条款要点解析

根据 FAA 颁布的 AC25-14 中的解释,对于高升力装置和阻力装置的要求适用于第 25.701 条的要求,主要关注点如下:

(1) 根据 §25.701 的要求,飞机对称面两侧的襟翼或缝翼运动,必须通过机械交连或经批准的等效手段保持同步,除非当一边装置收上而另一边装置放下时,飞机具有安全的飞行特性。

a. 操纵面交连必须按对称面一侧的操纵面卡住不动而另一侧操纵面可自由运动,并受到操纵面作动系统的全部动力所产生的载荷进行设计,第 25.345 条确定的作用于操纵面的飞行载荷必须与该作动系统的载荷组合考虑。这是一种限制载荷情况。

b. 在表明对于第 25.701 条交连要求的符合性时,应当考虑驱动和支撑系统的所有可能的卡阻位置,操纵面的机械交连必须能承受上述卡阻情况并预防不安全的非对称情况。交连系统包括对自作动器动力源到卡阻点的驱动输出进行反作用的所有组部件,这类组部件可能包括结构、交连连杆和驱动系统的组部件。当交连是预防不安全的非对称情况的唯一手段时,与卡阻情况相关的载荷被视为是限制载荷,需要乘以 1.5 的安全系数。除机械交连外,同时还采用了独立可靠的(失效概率为 10^{-3} 或以下)方法来防止高升力系统的不安全非对称情况时,可以采用小于 1.5 的安全系数。该备用系统应当在任何卡阻情况产生的载荷受到机械交连的反作用之前就检测到卡阻并关闭驱动系统。如果该备用系统的失效概率低到 10^{-5} 或者更低时,则其安全系数就可以降至 1.25,但是不能低于 1.25,除非经确认该备份系统等效于机械交连。使用力矩限制器时,应当采用力矩容许限制值作为规定载荷的反作用力,而不要用额定力矩或设定力矩。力矩限制器在驱动系统中的位置不应当使得其本身在卡阻发生时有不对称形态。

c. 采用系统安全性分析是验证机械交连系统符合性要求的一个等效方法,AC25.1309-1 系统设计分析,提供了关于实施系统安全性分析的指导。

(2) 对于驱动系统中的失效会导致襟翼或缝翼非指令收放的情况,应当提供可靠手段限制有关操纵面的运动。可以用不可逆作动器、防逆转装置、驱动系统冗余方法或其他等效手段来实现这一点。

(3) 确定襟翼或缝翼在作动时的载荷时,有必要考虑在服役中便可合理预期发生的作动系统摩擦载荷。例如,襟翼滑轨和滚子经常会遭受结冰和融雪,就会使襟翼运动产生很高的阻力。应当对每项设计进行评定以确认其对机械摩擦的敏感度,而任何与这类阻力相关的载荷都应当被计及并与正常操纵载荷相组合。

在评定襟翼或缝翼的失效或卡阻影响时,应当评定偏斜了的操纵面对相邻操纵面的影响,还应当评定由于操纵面的偏斜对相邻结构和系统所造成的损伤。

3.2.13.5　符合性验证思路和方法

本部分提及的符合性验证方法来自多种已取证的民机型号合格审查资料的综合,仅供参考。具体型号取证过程中使用的符合性验证方法以针对该型号制订并经中国民航管理当局批准的型号合格审定基础为准。

§ 25.701(a)

根据对已取证机型符合性方法的统计,第 25.701(a)条的符合性一般可采用符合性声明、设计说明和安全性评估的方法进行。

§ 25.701(b)

根据对已取证机型符合性方法的统计,第 25.701(b)条的符合性一般可采用符合性声明、设计说明、分析/计算、实验室试验和飞行试验的方法进行。

§ 25.701(c)

根据对已取证机型符合性方法的统计,第 25.701(c)条的符合性一般可采用符合性声明、设计说明、分析/计算和实验室试验的方法进行。

§25.701(d)

根据对已取证机型符合性方法的统计,第25.701(c)条的符合性一般可采用符合性声明、设计说明、分析/计算、实验室试验和设备鉴定的方法进行。

3.2.14　CCAR 25.1301　功能和安装

3.2.14.1　条款原文

(a) 所安装的每项设备必须符合下列要求:

(1) 其种类和设计与预定功能相适应;

(2) 用标牌标明其名称、功能或使用限制,或这些要素的适用的组合;

(3) 按对该设备规定的限制进行安装;

(4) 在安装后能正常地运行。

(b) 电气线路互联系统(EWIS)必须符合本规定 H 分部的要求。

中国民用航空局 2011 年 11 月 7 日第四次修订

3.2.14.2　条款制订的目的

本条是对飞机上安装的系统和设备的功能和安装提出的总体要求。

3.2.14.3　条款修订历史和修正案情况

1) CCAR 条款修订历史

CCAR25.1301 参照 FAR25.1301 制订,于 1985 年 12 月 31 日 CCAR25 初始版本颁布时纳入 CCAR25 部,此后在 2011 年 11 月 7 日进行第四次修订时加入有关 EWIS 的要求。

2) FAR 条款修正案历史

FAA 修正案中关于本条款共涉及两个修正案(见表 3-12)。

表 3-12　相关 FAA 修正案历史

序号	条款	名称	修正案	生效日期	目前状态
1	第 25.1301 条	功能和安装		02/01/1965	
2	第 25.1301 条	功能和安装	25—123	12/10/2007	√

1965 年 2 月 1 日,FAR 25—0 把 CAR PART 4b 整体改版为 FAR PART 25,其中的第 4b.600 和 4b.601 条整合后产生了 FAR 25.1301 条款,对飞机上安装的系统和设备的功能和安装提出了总体要求。

2007 年 12 月 10 日,FAR 25-123 修正案修订了第 25.1301 条,增加了(b)款对 EWIS 系统必须符合新增的 H 分部的要求。将原先的(a)到(d)款合并修改为(a)款。详见第 25.1703 条背景概述。

3.2.14.4　条款要点解析

§25.1301(a)(1)

"种类和设计与预定的功能相适应"实际上是要求机上所有安装的设备的架构

和设计必须满足其需求规范。

§ 25.1301(a)(2)

装于机上的各设备和组件上应有标牌,标牌上应标有下述内容,或这些内容适用的组合。

(1) 正确反映其功能的设备名称。

(2) 与设计图纸一致的设备型号(部件号)。

(3) 适用的环境条件类别(使用限制):

a. 制造商;

b. 设备合格审定依据(如 TSO 号);

c. 设备序号。

设备安装后,其标牌应清晰可见,以便于日常维护工作。

在配有相应的机上构型管理系统的情况下,可以接受不易丢失的电子介质保存此类标签。

为区别各个导管的功能而作标记时,所作标记应当使维护人员发生混淆的可能性减至最小,仅仅采用颜色标记是不可接受的。如果能采用字母和/或数字符号标记并配有相应的参照标准图样,且能避免符号与功能之间的任何联系,那么这种标设方法就可以接受。1987 年颁布的 ISO.12 标准第二版中的方法可以作为一种可接受的标记方法。

§ 25.1301(a)(3)

设计批准时可能根据设计的某些技术因素提出了安装限制要求。如安装位置的要求、温度和环境的要求等。这类要求通常来自于两类假设。

(1) 设备设计过程中假定的运行环境,并且根据这类假定的运行环境所进行的环境实验。

(2) 设备设计过程中设定的供电、信号等与其他设备和接口的匹配情况。

§ 25.1301(a)(4)

(a)(4)款要求系统在机上安装后能够正常运行,这不仅与系统本身有关,还与系统的安装设计、安装施工等密切相关,并且还与机上和该系统交联的系统和设备有关。因此必须确保和验证系统机上安装后能够正常运行,证明设备实现了预期的功能。

§ 25.1301(b)

(b)款中进一步强调和明确了本条规定的线路系统的设计和安装必须符合 H 分部的要求。在第 25.1703 条中对线路系统的功能和安装提出了一些新的要求,详见第 25.1703 条。

3.2.14.5　可接受的符合性验证方法

通常局方可接受的包括、但不限于表 3 - 13 列出的符合性方法。

表 3 - 13 符合性方法表

条款	符合性方法
25.1301	说明性文件(MC1),分析计算(MOC2)、安全性分析(MOC3)、实验室试验(MOC4)、机上地面试验(MOC5)、飞行试验(MC6)、机上检查(MOC7)、模拟器试验(MOC8)和飞行员评估

3.2.14.6 符合性思路和方法说明

本条款是 CCAR25 部 F 分部的通用性条款,原则上只适用于本分部所属各系统。对于其他分部所属系统,凡没有其他可适用条款对其提出类似要求,本条款也可适用。本条款不适用于 B、C 分部的性能、飞行特性、结构载荷和强度等要求,但却适用于此两分部内要求符合第 25.1301 条为基础的任何系统,如应当适用于符合第 25.207 条要求的失速警告装置。

1) 合格证明文件

申请人应该提供适用的设备合格鉴定文件,表明机上所装的每个系统、设备符合本条(a)(1)、(a)(2)、(a)(3)款。

文件必须能够表明这些系统、设备是经过合格鉴定的,合格审定的方式和程序可为下列 4 种方式之一,具体视情况而定。

(1) TSOA 的审定方式和程序。

(2) 随航空器 TC 或 STC 审定的方式和程序。

(3) 按 PMA 批准的方式和程序。

(4) 其他的方式和程序。

证明文件应能表明这些系统、设备的种类、性能和适用范围已经满足所装备飞机的要求。

(1) 设备种类应能满足飞机的功能要求。

(2) 系统、设备应能满足飞机对其性能的要求。

(3) 系统、设备的适用范围应能满足飞机整个适用范围。

2) 地面试验

地面试验是系统装机后,功能正常性验证试验的第一步,用于表明系统符合(a)(4)款的要求。试验应按照局方批准的试验大纲和程序进行,试验结果应能表明系统功能正常。

3) 飞行试验

飞行试验是表明系统功能正常的最后步骤,也是用于表明系统符合(a)(4)款的要求。试验应按照局方批准的飞行试验大纲和程序进行,各系统通常可以参考 FAA 咨询通告 25 - 7A 并结合飞机的自身特性制订飞行试验大纲和程序。

由于本条款涉及所有装机的系统和设备,覆盖面广。因此申请人也可以根据各系统的实际适用情况,分别采用设计符合性说明、分析和计算、系统安全分析、实验室试验、机上检查和模拟器试验等验证方法来表明符合性。

3.2.15 CCAR 25.1309 设备、系统及安装

3.2.15.1 条款原文

（a）凡航空器适航标准对其功能有要求的设备、系统及安装，其设计必须保证在各种可预期的运行条件下能完成预定功能。

（b）飞机系统与有关部件的设计，在单独考虑以及与其他系统一同考虑的情况下，必须符合下列规定：

（1）发生任何妨碍飞机继续安全飞行与着陆的失效状态的概率为极不可能；

（2）发生任何降低飞机能力或机组处理不利运行条件能力的其他失效状态的概率为不可能。

（c）必须提供警告信息，向机组指出系统的不安全工作情况并能使机组采取适当的纠正动作。系统、控制器件和有关的监控与警告装置的设计必须尽量减少可能增加危险的机组失误。

（d）必须通过分析，必要时通过适当的地面、飞行或模拟器试验，来表明符合本条（b）的规定。这种分析必须考虑下列情况：

（1）可能的失效模式，包括外界原因造成的故障和损坏；

（2）多重失效和失效未被检测出的概率；

（3）在各个飞行阶段和各种运行条件下，对飞机和乘员造成的后果；

（4）对机组的警告信号所需的纠正动作，以及对故障的检测能力。

（e）在表明电气系统和设备的设计与安装符合本条（a）和（b）的规定时，必须考虑临界的环境条件。中国民用航空规章规定具备的或要求使用的发电、配电和用电设备，在可预期的环境条件下能否连续安全使用，可由环境试验、设计分析或参考其他飞机已有的类似使用经验来表明，但适航当局认可的技术标准中含有环境试验程序的设备除外。

（f）必须按照第 25.1709 条的要求对电气线路互联系统（EWIS）进行评估。

中国民用航空局 2011 年 11 月 7 日第四次修订

3.2.15.2 条款制订的目的

本条是一个总则性条款，对安装于飞机上的电子电气设备提出了安全性设计和验证的总要求。

3.2.15.3 条款修订历史和修正案情况

1) CCAR 条款修订历史

CCAR25.1309 参照 FAR25.1309 制订，于 1985 年 12 月 31 日 CCAR25 初始版本颁布时纳入 CCAR25 部，此后在 2011 年 11 月 7 日第四次修订时进行了更改，增加了对 EWIS 的要求。

2) FAR 条款修正案历史

FAA 修正案中关于本条款共涉及 5 个修正案（见表 3-14）。

表 3 - 14　相关 FAA 修正案历史

序号	条款	名称	修正案	生效日期	目前状态
1	第 25.1309 条	设备、系统及安装		02/01/1965	
2	第 25.1309 条	设备、系统及安装	25—23	05/08/1970	
3	第 25.1309 条	设备、系统及安装	25—38	02/01/1977	
4	第 25.1309 条	设备、系统及安装	25—41	09/01/1977	
5	第 25.1309 条	设备、系统及安装	25—123	12/10/2007	√

其中,第 25—23 号修正案对第 25.1309 条所做更改的主要目的是:

(1) 强化、增加失效-安全设计[§25.1309(c)]。

(2) 提出以预测概率评估为基础的设计评估的附加措施[§25.1309(b)和(d)]。

强化和增加失效-安全设计的目的是提出明确的要求,对于系统的不安全工作状态,应在飞行机组仍能采取合适纠正措施时向机组提供告警。

提出设计评估附加措施的目的是引出一项更改,能立即判明一个杜绝了危害的系统实际上是永远不可能实现的。另外,还提出了一个条例性的标准,表达方式是采用偏离十分理想的失效-安全设计的可接受概率。

第 25—41 号修正案认为任何使用机组差错概率进行量化来表明"它们是不可能的"的企图是不大现实的,并且事实上这条要求的这个方面还从未被强化到要求量化的程度。因此,将§25.1309(c)由"……机组差错是不大可能的"改为"……机组差错降至最小"。

3) FAA ARAC DRAFT 25.1309 报告背景

《联邦注册报》1996 年 5 月 24 日第 61 卷第 102 号通告,FAA 要求 ARAC 提供以下有关协调一致任务的建议与意见:

系统设计和分析协调一致和技术更新。对第 25.1309 条、JAR 25.1309、相应的咨询通告 25.1309 - 1A,以及咨询通告联合数从 1 到 8(Advisory Circulars Joint Numbers 1 through 8)进行评估。根据评估,应用 FAR 和 JAR 25.1309 的经验,以及新技术的应用,对第 25.1309 条进行协调一致,并对咨询通告 25.1309 - 1A、咨询材料联合第 25.1309 条,以及如必要,对咨询通告联合数从 1 到 8 进行评估。除对第 25.1309 条的文字和应用进行协调一致时,应关注飞机级安全评估、容错系统持续适航的说明、在安全评估过程运行参数的使用,以及表明第 25.1309 条的可接受的符合性方法。对第 25.1301 条的文字和应用进行评估,如必要则进行修订,如对于无安全相关的设备,如旅客娱乐设施等没有要求其满足规范所要求的预定功能。

FAA 还要求 ARAC 确定是否需要采取规章制订行动(如 NPRM,补充的 NPRM,最终法案,撤销),或者是否应颁布或修订咨询通告。如果是,要求 ARAC 准备必要的文档,包括经济性分析,以判断和执行这些建议。

ARAC 接受了该任务,并将任务分配给当时已存在的系统设计和分析协调工作小组。

2002 年 8 月 13 日,ARAC 致信给 FAA,表示该小组已经完成并提交对第 25. 1309 条的提议 NPRM 和提议的 AC。

注:但截至目前,FAA 尚未正式表明采纳该份 ARAC 的建议,AC 25. 1309 - 1B 草案也尚未正式被采纳并颁发。

3.2.15.4 条款要点解析

CS 25 AMC 25. 1309 的第 4 节"CS 25. 1309 的应用"对本条款的适用性进行了说明:

第 25. 1309 条作为一个通用要求,应适用于任何安装的设备或系统,是除以下条款外,对特定系统要求的补充要求。

(1) 尽管 CS 25. 1309 不适用于 B 分部有关性能和飞行特性,以及 C 分部和 D 分部有关结构的要求,但是该条款适用于任何以这些条款为基础且需表明符合性的系统。例如,该条款不适用于飞机自身的失速特性或对失速特性的评估,但是却适用于为满足 CS 25. 207 条款符合性的失速警告系统。

(2) CS 25. 671(c)(1) 和 CS 25. 671(c)(3) 覆盖的某些单个失效或卡阻无须满足 CS 25. 1309(b)(1)(ii) 的要求。FAR 25. 671(c)(1) 要求考虑单点失效,无论其失效的概率。CS 25. 671(c)(1) 无须考虑单个失效,如果其概率极小并且失效满足 CS 25. 571(a)、(b) 的要求。

(3) CS 25. 735(b)(1) 覆盖的某些单个失效无须满足 CS 25. 1309(b) 的要求。原因主要是考虑到刹车系统要求限制了单个失效导致刹车滚转停止距离加倍的影响。该要求已经表明了应提供令人足够满意的安全水平,而无须分析在某些单个失效发生时的特殊情况和状态。

(4) CS 25. 810(1)(v) 和 CS 25. 812 覆盖的失效影响无须满足 CS 25. 1309(b) 的要求。与座舱安全设备安装相关的失效状态与不同的撤离场景相关,而这些撤离场景的概率不能确定。目前尚未证明有可能定义合适的场景来演示对 CS 25. 1309(b) 符合性。因此更为实际的是,这些设备无须满足 CS 25. 1309(b) 的要求,但是要求通过特殊的设计特征或进行专门的可靠性证明。传统上,该方法被认为是可接受的。

(5) CS 25. 1309 条款的要求一般适用于发动机、螺旋桨和推进系统安装。专门的适用性和例外情况在 CS 25. 901(c) 条款中进行了说明。

(6) 某些系统和某些功能已经接受了评估以表明对特殊失效状态的特殊要求的符合性。因此满足了 CS 25. 1309 的目的要求而无需对那些特殊的失效状态做额外的分析。

§ 25. 1309(a)

1) CCAR25R4 25. 1309(a)款解释

"航空器适航标准"对应 FAR 的"this subchapter",指的是"CFR-Title 14

Aeronautics and Space-Volume1-Chapter I-Subchapter C：Aircraft"的所有航空器适航标准,主要有：

CFR 21，Certification Procedures for Products and Parts；

CFR 23， Airworthiness Standards：Normal， Utility， Acrobatic， and Commuter Category Airplanes；

CFR 25，Airworthiness Standards：Transport Category Airplanes；

CFR 26，Continued Airworthiness and Safety Improvements for Transport Category Airplanes；

CFR 27，Airworthiness Standards：Normal Category Rotorcraft；

CFR 29，Airworthiness Standards：Transport Category Rotorcraft；

CFR 31，Airworthiness Standards：Manned Free Balloons；

CFR 33，Airworthiness Standards：Aircraft Engines；

CFR 34， Fuel Venting and Exhaust Emission Requirements for Turbine Engine Powered Airplanes；

CFR 35，Airworthiness Standards：Propellers；

CFR 36，Noise Standards：Aircraft Type and Airworthiness Certification；

CFR 39，Airworthiness Directives；

CFR 43，Maintenance，Preventive Maintenance，Rebuilding，and Alteration；

CFR 45，Identification and Registration Marking；

CFR 47，Aircraft Registration；

CFR 49，Recording of Aircraft Titles and Security Documents。

(a)款的"各种可预期的运行条件"指的是飞机预计可能的所有运行条件,包括环境温度条件、高度条件、各种气象条件和飞行包线等。

2) FAR 25.1309(a)款解释

条款内容与CCAR25R4内容一致。

对所做特殊更改的解释:FAA建议修订§25.1309(a)以详细说明,除某些例外情况外,飞机的设备和系统的设计和安装必须保证,在飞机的运行和环境条件下,它们可以"按预期完成任务"。该修订建议拓宽现有条款§25.1309(a)的范围至所有安装在飞机上的设备和系统,即无论是型号合格审定条款,运行条款或者根本没有要求的,所有安装在飞机上的设备和系统都在条款要求范围之内,只要它们不正常的功能可能降低安全性。

术语"improper functioning"("不正常的功能")是为了确定设备和系统的失效,这些失效对飞机安全有影响并且会因此导致失效状态。任何安装的设备或系统,其失效或故障导致较小的或更为严重的失效状态都被认为对飞机的安全运行有影响。提议的§25.1309(a)对安装在飞机上的两类设备和系统提出了要求。提议的§25.1309(a)(1)覆盖了有安全影响的,或其安装是为了满足规章要求的那些设备和系统。并且要求这类设备和系统"在飞机运行和环境条件下按预期完成功能"。提议的§25.1309(a)(2)要求所有其他的设备和系统,不能对飞机安全运行产生影响。因而并没有要求这类设备和系统"按预期完成功能"。

对"perform as intended"("按预期完成功能")的解释:当前的§25.1301(d)款要求安装的设备应当"在安装后功能正常"。该要求是从之前的 FAA 规章衍生而来的。最早的规章(大约在 1943 年)是《民用航空规章》CAR 04.500,要求所有设备"其功能应满足局方要求"。CAR 在 1949 年重新编定为 CAR 4b.682(d),要求所有的设备必须"证明在飞机中功能令人满意"。该条款之后(大约在 1950 年)又被修编为 CAR 46.601(d),要求所有设备必须"被证明在飞机上功能正常"。

当前的§25.1309(a)要求这些设备"在各种可预期的运行条件下能完成预定功能"。该要求直接源于 CAR4b.606(a)(1952 年采纳),要求设备"在所有合理可预期的运行条件下可靠地完成它们预定功能"。曾在 CAR 4b.606(a)中使用的术语"可靠的"和"合理的"在修订§25.1309(a)时意图没有改变,只是这些术语被简单地省略了。

在每一审定案例中,局方人员都要花功夫锻炼非常重要的判断力,即针对给定条件下的给定设备,术语"正常的""令人满意的"或"可靠的"到底说明什么,以及对于"可预期的运行条件"需要考虑什么。因此,这些演变对于不同的关键设备和系统都有不同的含义。例如,对于必须"质量认证"的一块设备的"环境",以及设备质量合格认证的"通过/失效准则"通常是分配给设备"带危险程度的"功能。而词语"正常的"和"预期的",这两个词分别出现在§25.1301(d)和§25.1309(a)条款中,FAA对它们的解释是"fulfill the purposes for which the subject system/component exists in the manner expected by system specification"("以系统规范期望的形式存在的主体系统/组件完成它们存在的目的")。

如果只是在延长的或重复暴露在运行和(或)环境条件下,设备和系统发生失效,则 FAA 通常认为其满足§25.1301(d)和§25.1309(a)的要求。相反地,如果这些同样的失效发生在单次暴露于运行和(或)环境条件下,FAA 通常将它们视为不符合§25.1301(d)和§25.1309(a)的要求。然而,如果这些失效被判定为不会显著地引起风险,且在§25.1309(b)要求下可以被接受,FAA 有时认为存在这些失效的型号设计是可以接受的。例如,在某些环境合格鉴定试验中,某些功能和能力的降级通常是允许的,如 HIRF 和闪电试验。实际上,§25.1316(b)(系统闪电防护)专门提出对于飞机暴露在闪电环境下,允许某些电气/电子系统的功能和能力的失效,但要求"这些功能可以及时地恢复"。

惯例做法是"按预期完成功能"的条款[如§25.902(b)(2),§25.1301(d),§25.1309(a)]用于保证在预期运行条件下,设备和系统应按预期完成其功能。但是,也需认识到随机失效可能在整个飞机寿命期间发生,并且该失效的装置可能不再能"按预期完成功能"。这些失效及相关风险的可接受程度被"失效-安全条款"所覆盖[例如,一般适用的§25.901(c)和§25.1309(b),在其他条款中的,或更为详细的§25.671(c)(3)，§25.735(b)(1)，§25.810(a)(1)(v)，§25.812和§25.903(d)(1)，§25.1316,以及含在其他条款中的]。例如,闪电雷击某外部天线是一个"可预期"的事件,因而可以通过选择安全的装配位置,但这并不是通过雷击设备本身来获得安全的。如果这样的闪电雷击导致的是"较小的"或"较大的"失效状态,并且如果天线安装的飞机区域是闪电附属发生概率较低的区域,则可能认为是可以接受的。但是,如果其会导致灾难,则有必要采取额外的设计保护措施,例如提供冗余或其他设计以消除这种灾难。

对"under the airplane and environmental conditions"（"在飞机运行和环境条件下"）的澄清说明:根据对§25.1309(a)的改版提议,包含在§25.1301(d)(1)和§25.1309(a)中对"在安装后"以及"在各种可预期的运行条件下"的条件资格要求,将被替换为:

"……在飞机运行和环境条件下……"

提议的内容是为了说明:

在飞机整个正常运行包线内,包括《飞机飞行手册》(AFM)所定义的,以及根据任何非正常或应急程序要求和任何预期的机组动作对包线的修正;

在预期的外部和内部飞机环境条件下,以及设备和系统在"按预期完成功能"时所预计的任何其他条件。

该更改主要是因为注意到,尽管某些运行条件是可预期的,但当这些条件存在时获得正常的性能并不总是可能的。例如,火山喷发的火山灰云是可预期的,但是根据目前的技术状态飞机无法飞进这些云层中。

对飞机运行无安全影响的设备和系统进行要求的条款解释:现代飞机包含不会对飞机安全运行有影响的设备。这些设备通常是为旅客提供便利的设备,包括:

(1) 娱乐设施。

(2) 语音系统。

(3) 飞行中电话。

(4) 非应急照明。

(5) 食物存储和准备的设备。

飞机制造商通常会遇到这些问题,当这类设备没有按系统规范完成任务时,审定当局会质疑该类设备的安装,因"安装后并没有功能正常"而造成了一个不符合项,因为规章要求所有的设备、系统和装置在其安装时必须功能正常。但是,对于"amenities"（"生活便利设施"）的正常功能,如上所列各项,对飞机的安全运行并不是必要的。与这类设备和系统相关的唯一安全问题有可能是,其正常运行或发生失效后,可能直接导致伤害某人或对机组或其他设备和系统产生不利影响。因此,§25.1309(a)(2)条款允许例外情况,即允许这类"生活便利设施"即使频繁地不按预期完成任务,也可以获得批准。

提议的§25.1309(a)(2)要求,与生活便利设施有关的"按预期完成功能"发生任何频繁的失效,不得对飞机或乘员安全造成不利影响。或者设备和系统的正常功能不能有安全影响。即它们必须不得直接伤害人员或对机组或其他设备和系统产生不利的影响。这些要求的目的是在不降低 25 部安全水平的同时,减少飞机和设备制造商的审定成本。如果不能按预期完成功能不会导致"较小的"或更严重的失效状态,则证明设备能按预期完成任务是得不到任何好处的。作为替代,FAA 至少会要求,当这样的设备和系统安装在飞机上时,对它们的设计和安装进行定性的评估,以确认它们的正常操作和失效都不会对机组工作负荷、其他系统的运行或人员的安全产生不利的影响。

FAA 期望在大部分情况下,正常的安装活动可以使这样的设备对安全的影响能够有足够明显的隔离。因此,对其的实证可以基于相对简单的定性安装评估。如果存在可能的影响,包括有疑问的失效模式或影响,或系统之间的隔离采用的是复杂的手段,则有必要采用更为正式的结构化评估方法或设计更改。

对"amenities"("生活便利设施")的环境质量认证试验。根据 § 25.1309 的更改提议,对不与任何功能危害相关的飞机设备和系统审定的环境质量认证要求可以减少到只做必要的试验,这些必要的试验只能验证它们的存在、运行或失效不会引起以下后果:

(1) 干扰其他设备正常运行。

(2) 直接伤害某人。

(3) 不合理地增加飞行机组的工作负担。

尽管这类设备和系统不要求安装后功能正常,但是要求测试其功能以验证他们不会干扰其他飞机设备和系统的运行,也不会在这些设备系统中产生危害。无需对这类设备进行其他环境试验。

该 ARAC 对第 25.1309(a)条修订的整体影响。若生效,第 25.1309(a)条将:

(1) 与 JAR 的要求协调一致。

(2) 澄清设备和系统安装后必须按预期完成任务。

(3) 去除了目前认为有必要对与任何功能危害无关的安装设备和系统的要求。

3) CS 25.1309(a)款解释

CS 25.1309(a)款与 FAA ARAC DRAFT 25.1309(a)款的内容一致。

§ 25.1309(b)

1) CCAR25R4 25.1309(b)款解释

(b)款对每种失效状态的概率及其严重性之间合理而可接受的反比关系提出一般要求。

"extremely improbable"("概率极小")指的是如此的不大可能,以致它们在同一类型的所有飞机的总的使用寿命期间预期都不会发生。

2) FAR 25.1309(b)款解释

FAR 25.1309(b)款内容与 CCAR25R4 25.1309(b)款内容一致。

3) FAA ARAC Draft 25.1309(b)款解释

对特别修订内容的描述：FAA 提议修订§25.1309(b)以要求：飞机系统与有关部件的设计，在单独考虑以及与其他系统一同考虑的情况下，必须符合下列规定：

(1) 各灾难性失效状态是极不可能的且不能由某个单个失效导致；

(2) 各危险的失效状态是极遥远的；

(3) 各较大的失效状态是遥远的。

以下讨论提供了支持性背景以及现阶段 FAA 对现有的§25.1309(b)及提议的§25.1309(b)的解释。

概率和数理统计的历史和角色：自从早期规定和评估适航性，判断"概率"已变得十分必要。要求的容量、能力、裕度、环境质量合格认证、容错水平等，所有的都反映了什么样的条件和事件是"预期"发生的和"注定实际的"来实现安全地装配。例如，在双翼飞机中要求双套飞行控制钢索，这是因为考虑到单套钢索的失效概率太高了，提供双套更为实际。随着这些"失效-安全"要求的不断发展，使得这类适航性的确定极大地依赖于（并将继续依赖于）"工程判断"和定性的方法。但是，由于飞机系统的数量、严重程度、复杂性、集成度以及部件数量都在增加，设计必须安全装配的条件和事件的组合，仅通过定性的手段难以有效率地进行判断。用于凭主观来规定组件双套或三套备份以限制可能的失效变得不再充分。可以通过增加系统中独立"通道"的数目，来无限降低整个系统的失效概率。但是，冗余的每一层次都存在成本、复杂性，以及与之相关的不可预见失效状态的内在风险的问题。航空工业界早在 1950 年代已经认识到有必要建立合理的可接受的定量概率值。在 1960 年代，定量概率值获得流行，并且被接受为具体化工程判断的工具（例如，局方有关自动着陆系统的准则）。

英国《民用适航要求》（BCAR）是首个为运输类飞机系统建立可接受的定量概率值的规章，建立这些指导纲要的主要目标是保证关键系统的激增不会增加某个严重事故的概率。当时的历史证据表明，由于运行及机体相关原因导致某个严重事故发生概率约为 10^{-6} 每飞行小时。进一步地，所有事故中约 10% 被认为是飞机系统导致失效状态所引起的。因此，对于一架新设计的飞机，由所有这样的失效状态引起的严重事故的概率不能小于 10^{-5} 每飞行小时。相应地，对于较为不那么严重的输出状态对应更高的可接受概率指标。

对于严重事故对应发生概率为 10^{-7} 每飞行小时的难处在于，根据 BCAR 指导纲要规定，在有可能确定目标是否达到前，必须对飞机上的所有系统完成数值分析。出于这个原因，（有一些专断的）假设是，在任何给定的运输类飞机型号设计中，有不超过 100 个失效状态对某个灾难性后果有影响。因而明显的是，同样也做了如下的假设，通过对不那么严重输出的频率进行规定，即只有"灾难性的失效状态"会对灾难后果概率有显著的影响，以及所有有影响的失效状态是可以预见的。

因此，目标允许的 10^{-7} 每飞行小时的平均概率值分摊到 100 个灾难性的失效状态上,导致每个失效状态分配得到的值不超过 10^{-9}。因此,对于灾难性失效状态每飞行小时的平均概率的上限即成为大众所熟悉的 10^{-9}。对于没有那么严重影响的失效状态允许相对较多可能地发生。

FAA 将这些 BCAR 指导纲要纳入 AC25.1309 - 1"系统设计分析"(1982 年 9 月 7 日公布)。该 AC 建立了在 §25.1309(b)中使用的术语"极不可能的"近似概率值,以及其他相关的概率术语。

由于 FAA 接受了这些信息,这些概率指导纲要以及它们在对 §25.1309(b)证明和发现符合性中的角色,成为误解、混淆以及争论的源头。FAA 认为在 AC 25.1309 中,这些与 §25.1309(b)概率术语相关的数量值在某些适用情况下作为可接受的风险指导来使用,这里的适用情况指的是系统失效影响可通过定量的概率分析方法进行检验的情况。数字化概率分析和这些指导纲要的使用仅仅是为了补充,而不是替代基于工程和工作判断的定性方法。设计是否满足这些纲要仅仅提供了一些证据以支持已由 FAA 做出的有根据的符合性判断,来确认设计是否符合规章的旨意。

术语"极不可能的"的含义:在规章中使用该术语的目的是描述这样一个状态(通常是失效状态),即发生概率是如此遥远,以至于规章适用的任何运输类飞机在服役期间都不会预期发生。但是,由于规章对其应用的所有飞机制订的是最低的标准,符合性确认仅限于单个的型号设计。因此,实际上,所有已经对申请人提出的要求是一个足够保守的证明,即在所评估的型号设计的所有飞机在整个运行服役寿命期间都不可能预期发生。经验表明,从传统意义上多是采用适当的安全评估方法来提供保守的级别,而对飞机型号之间累计的风险影响进行补偿则较少使用。

证明某个事件发生是"极不可能的"的方法各异,其有赖于所需评估的系统型号、组件以及处境。单个失效引起失效状态不被认为是"极不可能的";因此,概率评估通常涉及多个失效引起的失效状态。定性和定量的评估在实际中都被使用,并且采用这两者通常是因为有必要达到支持某个事件是"极不可能的"结论的程度。一般来说,由于分析过程的可变性和不确定性,为证明某个失效状态是极不可能的,仅采用定量的分析是不充分的。任何作为证明某个失效状态是极不可能的分析应包括对所做所有假设、数据源以及分析工具进行判断,这主要是考虑到在分析过程中的可变性和不确定性。可接受的符合性方法可以参考 AC 25.1309 - 1B 或后续版本。

简而言之,无论 25 部在哪里要求,某个状态是"极不可能的",符合性方法是定性的,或定量的,或者是两者的组合。结合工程判断,必须提供令人信服的证据,以表明该状态不应在服役期间出现。

包含对特殊失效状态种类和概率的要求:提议的 §25.1309(b)包含了特殊的术语来描述目前在航空工业界使用的失效状态分类和概率。需要认识到,这些术语中的一些在 14CFR 其他规章中是有不同含义的。FAA 可能在将来会考虑发布一个多样化的规章修正案来对这些在失效状态分类时使用的术语进行标准化。但是,出于本提议规章的目的,这些术语在前言部分的"定义"章节中进行了定义。

尽管§25.1309(b)的术语与现有规章不同,但是本意并没有改变。条款新的文本部分会服务于"文档",并且正式给出当前的解释以及这些术语的应用。

禁止灾难性的单个失效:提议的§25.1309(b)明确包含了失效-安全的设计要求,即单个失效不得导致灾难性的失效状态,无论其概率值如何。该条要求已经纳入FAA的实践活动,并且实际上,在FAA早期《民用航空规章》(CAR)和最早版本的§25.1309中,这是唯一的要求。

协调一致和标准化:§25.1309(b)提议的内容将与并行的JAR协调一致。有关§25.1309(b)的进一步指导材料已纳入新提议的AC 25.1309 – 1B的部分内容中。

4) CS 25.1309(b)款解释

CS 25.1309(b)与FAA ARAC DRAFT 25.1309(b)的主要差异在于:

(1) FAA ARAC DRAFT 25.1309(b)"The airplane systems and associated components, considered separately and in relation to other systems, must be designed and installed so that"; CS 25.1309(b)"The aeroplane systems and associated components, considered separately and in relation to other systems, must be designed so that"。

(2) FAA ARAC DRAFT 25.1309(b)使用"Each ..."; CS 25.1309(b)使用"Any ..."。

(3) 其他内容一致。

§25.1309(c)

1) CCAR – 25 – R4 25.1309(c)款解释

(c)款对系统监控、失效警告和机组人员的恰当纠正动作的能力提出一般要求。

§25.1309(c)要求提供警告信息,向飞行机组告诚系统的不安全的工作情况,对于下述事件,要求有警告。

该事件是它们的任何潜在灾难性后果的一部分。

该事件与其他任何潜在继发失效事件与先前事件结合会导致灾难性失效状态,且在飞行机组差错之前发生的失效事件。

警告的目的是为飞行机组提供时间或机会去采取合适的纠正动作,在时间上或影响程度上减少发生其他潜在继发的灾难性失效事件或机组差错的可能性。

系统、控制器件和有关的监控警告装置的设计必须尽量减少可能产生附加危险的飞行机组人员的差错,设计应该定性地表明这一符合性。

通常,由一个装置的单一失效模式产生的失效状态不能认为是极不可能发生的。做出这种评估时,应该考虑到所有可能的和有关的情况,包括该装置的所有有关属性。潜在的失效是其发生时固有的、未检测出来的一种失效。重大的潜在失效是当它和一个或多个其他失效或事件组合时将会产生一个危险失效状态的失效。使用经验表明,尚未产生过的失效模式可能很广泛,但决不会充分表现出来。因而,如果一个灾难性失效模式会在没有任何预先提示失效监控和警告系统是一种目前技术水平切实可行的措施。一个可靠的失效监控和告警系统既不会在应当警告时未发生警告,也不会在不应有警告时发出误警告(误警告有时可能比没有警告装置或极少发生的漏警告更危险)。

2) FAR 25.1309(c)条款解释

FAR 25.1309(c)内容与 CCAR25R4 25.1309(c)内容一致。

3) FAA ARAC DRAFT 25.1309(c)款解释

对特殊更改的描述:FAA 提议修订§25.1309(c)的文本以继续要求:与不安全系统运行条件相关的信息需提供给机组,以使得他们可以采取合适的纠正动作,以及系统和操纵器件,包括指示和告警,应设计成可将造成附加危害的机组错误降至最小。

提议的修订段落还要求,如果要求紧急的纠正动作,则需提供告警指示。

所要求飞行机组信息的分类:提议的§25.1309(c)与目前的§25.1322("警告灯、戒备灯和提示灯")的要求是相容的,§25.1322 条款区分了安装在驾驶舱的戒备灯、告警灯和提示灯。与目前条款仅要求为飞行机组提供警告的要求不同,提议的§25.1309(c)要求将与不安全系统运行相关的信息提供给飞行机组。

如果要求某个飞行机组成员立即采取行动,则仍要求提供警告提示。但是,特殊的指示方法有赖于针对特定失效所必要的飞行机组认知或行动的紧急程度以及情况需要。如果可以表明是及时和有效的,固有的飞行特性可被使用以替代专门的指示和告警。但是,若重大潜在失效的发生是不期望的,则使用定期维护或机组检查来探测重大潜在失效不能代替实际的和可靠的失效监控和指示。

将机组错误降至最小:提议的§25.1309(c)通过明确要求系统和操纵器件的设计,包括指示和告警,必须将可以造成附加危害的机组错误降至最小,来对现有条款进行澄清。需要最小化的这些附加风险指的是发生在失效之后,由某个机组成员为响应该失效所做出的不合适的动作而导致的风险。除非被接受认为是正常能力的一部分,在某个失效指示或告警发生后,飞行机组须遵循的任何程序都应在被批准的《飞机飞行手册》(AFM)、AFM 修订版或 AFM 增补页中进行描述。

对不安全系统运行条件的解释:以下的解释性材料提供了指导以帮助确定某个给定的系统运行条件是否是"不安全的"。但这并不意味着这是定义某个不安全状态的唯一方式。

任何系统运行条件,如果不被探测或没有被机组动作妥善处理,将极显著地贡献或引起一个或更多的严重伤害,即被定义为本规章所指的"不安全系统运行条件"。在失效发生时,即使飞机运行或性能没有受到影响,或没有受到显著的影响,如果认为有必要让飞行机组采取任何行动或遵循任何预防措施时,则需要提供信息给飞行机组。

如果运行或性能不受影响或没有受到显著影响,并且告知飞行机组被认为比不告知更为危险的话,在某些飞行的特殊阶段,信息和告警指示可以被抑制。

有关§25.1309(c)的进一步指导已成为提议的 AC 25.1309-1B 的一部分。

4) CS 25.1309(c)款解释

CS 25.1309(c)内容与 FAA ARAC DRAFT 25.1309(c)内容一致。

§25.1309(d)

1) CCAR25R4 25.1309(d)款解释

本条(d)款要求用分析的方法,必要时采用适当的地面、飞行或模拟器试验来验证在每个失效状态的概率和严重性之间存在合理而可接受的反比关系。但是,对假设是灾难性的失效状态并不需要用试验来证实。(d)款是保证有秩序地和充分地对可预见的失效或其他事件对安全性的影响进行评估。

评估失效状态的严重性时,可以考虑下述方面:

(1) 对飞机的影响,例如安全性裕度减小、性能降低、执行某些飞行操作能力的丧失或对结构完整性有潜在的或继发的影响。

(2) 对机组成员的影响,例如工作量增加到超过他们正常的工作负荷,从而影响他们应付不利的操作或环境情况或继发失效的能力。

(3) 对乘员的影响,即对旅客和机组成员的影响。

失效状态的分类并不取决于一个系统或功能是否是某个具体条款所要求的。有的条款所要求的某些系统,例如应答器、航行灯和扩音器系统可能只会有轻微的失效状态。相反,具体条款未作要求的其他系统,例如飞行管理系统和自动着陆系统倒可能会有严重的或灾难性的失效状态。

实际上,有些系统的失效影响不是固定不变的,而与其在各个飞行阶段的功能有关。例如,自动飞行控制系统在航路上的失效影响是重大的,但是在Ⅲa级以上自动着陆状态失效,影响会是灾难性的。另外,系统失效后影响的程度与设计密切相关,因此很难对系统简单地分类。一般来说,飞机动力的丧失、起落架不能放下均为灾难性失效;大部分系统失效状态都是严重的失效。

2) FAR 25.1309(d)款解释

FAR 25.1309(d)款内容与 CCAR25R4 25.1309(d)款内容一致。

3) FAA ARAC DRAFT 25.1309(d)款解释

现有的§25.1309(d)描述了针对§25.1309(b)的要求,有关飞机系统和组件相关的专门的符合性方法。其要求表明对§25.1309(b)的符合性必须是,在必要时或者是通过分析地面、飞行或者是模拟器试验来表明符合性。此外,它还描述了这样的分析必须考虑的特征,如:

(1) 可能的失效模式。

(2) 多重的或未探测的失效概率。

(3) 引起对飞机和乘员的影响。

(4)所需的机组告警提示和纠正动作。

FAA 已经重新考虑了对该特殊段落的需求，并且已经得出结论，即一并删除，因为该条款描述了一个专属的，然而不完整的对规章的符合性方法。FAA 认为与其试图修订该章节以覆盖所有的方法和考虑，不如将描述信息更好地包含在咨询材料中。FAA 已经制订了提议的 AC 25.1309 - 1B，描述了与目前§25.1309(d) 要求相似的，但并不完全相同的符合性方法。针对该提议的 AC 的可用性将在联邦注册报的其他版面刊登通告。

4) CS 25.1309(d) 款解释

CS 25.1309(d) 款要求必须按照第 25.1709 条的要求对电气线路互联系统 (EWIS)进行评估。

§ 25.1309(e)(f)

FAA ARAC DRAFT 25.1309(e)(f)款解释

FAA 提议将当前的§25.1309(e)(f)款删除，将它们作为新的§25.1310 的内容。

3.2.15.5 可接受的符合性验证方法

通常局方可接受的包括，但不限于表 3 - 15 列出的符合性方法。

表 3 - 15 符合性方法表

条款	符合性方法
25.1309(a)	说明性文件(MC1)，实验室试验(MOC4)、机上地面试验(MOC5)、飞行试验(MC6)、模拟器试验(MOC8)和设备鉴定试验(MOC9)
25.1309(b)	说明性文件(MC1)，安全性分析(MOC3)
25.1309(c)	说明性文件(MC1)，计算分析(MOC2)、实验室试验(MOC4)、机上地面试验(MOC5)、飞行试验(MC6)、模拟器试验(MOC8)、飞行员评估和设备鉴定试验(MOC9)
25.1309(d)	说明性文件(MC1)，计算分析(MOC2)、机上地面试验(MOC5)、飞行试验(MC6)和模拟器试验(MOC8)
25.1309(e)	说明性文件(MC1)，设备鉴定试验(MOC9)
25.1309(f)	说明性文件(MC1)

3.2.15.6 符合性思路和方法说明

CS AMC 25.1309 推荐的对 CS 25.1309 条款的符合性方法

CS AMC 25.1309 提出对 CS 25.1309 条款符合性的建议。申请人应尽早与审定当局就可接受的符合性方法达成一致意见。

1) CS 25.1309(a)的符合性

(1) 第 25.1309(a)(1)条覆盖的设备必须表明，在安装后功能正常。设备、系统和安装所处的飞机运行和环境条件必须包括，《飞机飞行手册》所定义的全正常运行包线，以及与非正常或应急程序相关所做的修正。其他外部环境条件如大气湍流、HIRF、闪电以及降水，即飞机可能合理预见的都应考虑。应考虑的外部环境条件的严重程度限制在审定规章和程序规定的范围内。

（2）除外部运行和环境条件外，还应考虑飞机内部的环境效应。这些效应应包括振荡和加速载荷、液压和电源的变化、液体或水蒸气污染，这些效应或是正常环境如此，或是事故性泄漏或人员操作时溅出所致。CS 25 AMC 25.1309 的 3b(1) 段落所列参考文献定义了一系列标准环境试验条件和程序，可能用于支持符合性。由 CS TSO 所覆盖的设备，TSO 中包含有环境试验程序或设备质量合格认证所需满足的其他环境试验标准，这些可以用于支持符合性。安装设备将运行的环境应与设备质量合格认证所处的环境相当或相比不那么严酷。

（3）在飞机批准的运行和环境下，设备、系统和安装的正常功能所需的实证可以通过试验和（或）分析或参考其他飞机可比的服役经验。对于 CS 25.1309(a)(1) 所覆盖的设备、系统和安装，其符合性证明还应证实这样的设备、系统和安装的正常功能不会与 CS 25.1309(a)(1) 覆盖的其他设备、系统或安装的正常功能相互干扰。

（4）CS 25.1309(a)(2) 所覆盖的设备、系统和安装一般是指旅客生活便利设施，如旅客娱乐系统、空中电话等，它们本身的失效或不正常功能不会影响飞机的安全性。这些设备、系统和安装的运行和环境质量合格认证要求可以降低来进行必要的试验，以表明他们的正常或非正常功能不会对 CS 25.1309(a)(1) 所覆盖的设备、系统或安装的正常功能产生不利影响，也不会对飞机或其乘员的安全产生不利影响。这些不利影响的例子有：起火、爆炸、将乘客暴露在高电压下等。

2) CS 25.1309(b) 的符合性

CS 25.1309(b) 段落要求对飞机系统及相关的组件单独地考虑，以及与其他系统一起考虑时必须设计成任何灾难性的失效状态是极不可能的，并且不会因某个单个失效引起。同时还要求任何危险的失效状态是极遥远的，以及任何较大的失效状态是极遥远的。分析需要考虑 CS AMC 25.1309 第 6b 段落（即本条款报告第 3.2 节 b 段落）所描述的失效-安全设计概念的应用，并且需特别关注保证技术的有效使用，这些设计技术应防止单个失效或因损伤引起的其他事件，或反过来对多于一套冗余系统通道或多于一套执行相似功能的系统造成不利影响。

（1）总则。对 CS 25.1309(b) 要求的符合性应通过分析，以及必要时通过适当的地面、飞行或模拟器试验来表明。失效状态应得到识别，它们的影响应被评估。各个失效状态的最大允许发生概率值通过失效状态的影响来确定，并且当评估失效状态概率值时，应解释所做的适当分析考虑。任何分析必须考虑：

a. 可能的失效状态及它们的原因、失效模式，以及从系统外部源引起的损伤。

b. 多重失效以及未检测到的失效的可能性。

c. 需求、设计以及执行差错的可能性。

d. 在某个失效或失效状态发生后，合理预见机组差错的影响。

e. 当执行维修动作时，合理预见差错的影响。

f. 机组提示信息所需的纠正动作，以及检测差错的能力。

g. 对飞机及其乘员的结果影响,考虑飞行阶段以及运行和环境条件。

(2) 计划。AMC 提供了完成安全目标方法的指导。为达到该安全目标所需的方法论、细节有赖于很多因素,特别是系统的复杂和集成程度。对于含有大量复杂或集成系统的飞机,有可能需要制订一个计划来描述预期的过程。该计划应包括以下方面的考虑:

a. 系统的功能和物理的内部联系。

b. 详细的符合性方法的确定,可能包含研制保证技术的使用。

c. 制订完成计划的方法。

(3) 工业标准和指导材料的可用性。目前,在工业界已使用了多种可接受的技术,这些技术可能已经或尚未在 CS 25 AMC 25.1309 第 3b(3) 和 3b(4) 段落中引用。CS 25 AMC 25.1309 并不是为了在定义采用特殊方法来满足 AMC25.1309 目标时,强迫使用这些文件。然而,这些文件确实包含了执行系统安全性评估过程的材料和方法。这些方法,如果得以正确的应用,则被局方认为是表明 CS 25.1309 (b)符合性的有效方法。此外,CS 25 AMC 25.1309 第 3b(4) 段落中引用的文件包含有针对应用特殊工程方法(如马尔科夫分析、故障树分析)的指导信息,这些工程方法可以在整机或部分中使用。

(4) 可接受的研制保证方法的应用。CS 25 AMC 25.1309 第 9b(1)(iii) 段落(即本条款报告第 4 节的 b(1)(iii)段落)要求,为表明对 CS 25.1309(b)符合性所必要的任何分析必须考虑需求、设计和执行差错的可能性。在设计和系统研发中所犯差错,传统上是通过在系统及其组件上执行彻底的试验、直接的监察,以及其他有能力完全刻画系统性能的直接验证方法来进行检测和纠正的。这些直接的技术对于那些执行有限数目的功能和没有与其他飞机系统高度集成的简单系统,仍然是适用的。对于更为复杂或集成的系统,由于所有系统状态不能确定,因而彻底的试验可能是无法进行的;由于需完成的试验数目过多,彻底的试验是不切实际的。对于这类系统的符合性可通过使用研制保证来表明。研制保证等级应该根据系统发生故障或丧失功能后,对飞机的潜在影响的严重程度来得以确定。CS 25 AMC 25.1309 第 3b(3)段落提供了针对系统的过程保证指导;CS 25 AMC 25.1309 第 3a(3) 和 3b (2)段落提供了针对软件的过程保证指导(目前对硬件的研制保证标准尚未达成一致)。由于这些文件不是同时制订的,它们提供的指导以及使用的术语存在差异,其中最大的差异就是有关使用系统架构来确定硬件和软件的合适的研制保证等级。EASA 认为出于该目的考虑系统架构是合适的。针对该话题,如果在这些文件中存在明显差异,应遵从 CS 25 AMC 25.1309 第 3b(3)段落所列文件附录 D 的指导材料。如果某个特殊研制保证过程不能满足 CS 25 AMC 第 25.1309 条第 3b(3)段落所列文件中的准则,可以使用第 3b(2)段落中的指导增加研制保证等级。

(5) 机组和维修动作。

若某个分析识别出一些提示是提供给飞行机组、客舱机组或维修机组采取行动

的,则必须完成以下活动:

    a. 验证任一确认的指示是切实由系统提供的。

    b. 验证任一确认的指示将切实被识别出来。

    c. 验证任一动作具有可以成功地和及时地完成这样一个合理的期望。

    CS 25.1309(c)要求有关不安全系统运行条件的信息必须提供给机组,使得他们可以采取合适的纠正动作。对该要求的符合性通常是通过 CS 25 AMC 25.1309 的第 9b(1)段落(即本条款报告的第 4 节的 b 段落)所确定的分析来进行证明,需同时考虑告警信息、所需的纠正动作以及检测差错的能力。CS 25.1309(c)要求如果需要紧急的纠正动作,则必须提供警告指示。第 25.1309(c)条还要求系统和操纵器件,包括指示和告警,必须设计成可以将造成附加危险的机组差错降至最小。

    所需信息将依赖于识别的紧急程度以及机组采取的纠正动作。信息应有如下形式:

    a. 告警,如果需要飞行员立即识别,并采取纠正或补偿动作。

    b. 戒备,如果需要机组立即感知,并需采取后续的机组动作。

    c. 提示,如果需要机组感知,并可能需要采取后续的机组动作。

    d. 其他情况下提供信息。

    CS 25.1322(和 AMC 25.1322)给出了基于其他不同分类的有关所需信息(视觉的、语音的)特性的进一步要求(和指导)。

    当由系统提供失效监控和提示时,其可靠性应与提供指示的系统功能相关的安全目标相兼容。例如,如果发生某个失效的影响加上不对该失效进行告警是灾难性的,则该失效及告警失效的组合必须是极不可能的。另外,不期望的工作(如误告警)也应得到评估。失效监控和指示应是可靠的、技术上可行的,并且是经济实际的。可靠的失效监控和指示应使用与当前技术发展水平相当的技术来最大化地检测和指示真实失效的概率,同时,最小化错误检测和指示不存在失效的概率。任何一指示应是及时的、明显的、清楚的和不被混淆的。

    在飞机条件要求紧急机组动作的情况下,如果不能通过内在的飞机特性来提供告警,应提供给机组合适的告警指示。在两种情况的任何一种情况下,告警应在潜在灾难序列中的某一点被触发和发生,该点应使飞机能力和机组能力仍然足以支持有效的机组动作。

    除非被接受是正常的飞行技术,在发生任何失效告警后的机组程序都应在批准的《飞机飞行手册》(AFM)、AFM 修订版或增补页中进行描述。

    即使在失效发生时运行和性能没有受到影响或没有受到显著的影响,如果认为有必要让机组采取任何动作或采取预防措施时,则要求提供信息给机组。一些例子包括重构系统、对安全裕度减少的感知、改变飞行计划或状态,以及无计划的着陆来减少暴露在更为严酷的失效状态中,这些更为严酷的失效状态可能由后续的失效或运行的或环境条件所导致。如果在下一次飞行前失效必须被纠正,则同样要求提供信息。如果运行或性能没有受影响或没有受到显著的影响,且如果认为机组采取纠正动作比无动作更为危险时,信息和告警指示可以在飞行的某些特殊阶段得到抑制。

定期维修或飞行机组检查以探测不期望发生的重大潜在失效,不应替代实际的和可靠的失效监控和指示。CS 25 AMC 25.1309 第12段落提供了定期维修和飞行机组检查的进一步指导。

需特别关注开关或其他互相关联的控制装置,目的是最小化不利的错误机组动作的发生可能,尤其在紧急情况或高工作负荷的阶段。额外的防护,例如使用防护的开关,有时可能是需要的。

3.3 电传飞行控制系统构造相关的主要专用条件和解析

3.3.1 操纵面位置感知

3.3.1.1 专用条件内容

对采用电传操纵系统的飞机,操纵面位置感知专用条件建议如下:

除了满足 CCAR 25.143,25.671,25.672 和 25.1322 的要求,当不是由机组人员操作而导致的操纵面接近极限位置时,需要机组人员操作返回正常飞行包线和(或)继续安全飞行时,应该向机组人员提供适当的飞行操纵面位置指示,除非已存在的指示足以提示机组人员相关的动作。

3.3.1.2 背景说明

电传飞行控制系统采用指令响应的方式来对飞机进行控制,飞行控制计算机对操纵面的操纵权限从以前增稳系统的部分权限变为全权限。在飞行机动过程中,驾驶员的操纵输入与操纵面的偏度没有直接的对应关系,驾驶员并不确切知道操纵面的偏转位置。一些非正常飞行条件,如大气状态、飞机、发动机故障等,可能导致操纵面达到或接近满偏。如果机组人员没有意识到多出的操纵面偏转或接近满偏,驾驶员或自动驾驶系统继续操纵可能导致飞机失控,或者其他不安全的操纵和性能特征。

目前,适航规章并没有涵盖电传飞行控制系统此新颖设计特征的相应要求,需制订相应专用条件,提出达到与规章相同安全水平的适航要求。

3.3.1.3 专用条件解析

专用条件中"适当的指示"含义为:需要考虑一些驾驶员需要进行的与飞机性能极限相关的机动情况(如快速滚转),这种情况下舵面也可能达到极限位置。因此,如果一个简单的舵面位置指示系统可能在驾驶员有意操纵导致的舵面满偏和无意进入的舵面满偏两种情况都会发出指示,则需要进行某种平衡,即能够给出需要的位置感知但又不会对驾驶员的操纵造成干扰。

3.3.1.4 建议的符合性方法

对该专用条件,建议的符合性方法如下:

（1）MC1（设计说明），对主飞行控制系统架构描述、CAS信息逻辑描述。

（2）MC6/MC8（飞行试验/模拟器试验），飞行控制系统和操纵品质试飞或模拟器试验。

3.3.2　指令信号完整性

3.3.2.1　专用条件内容

除考虑CCAR25.671和CCAR25.672要求以外，飞机还应满足如下要求：

（1）无论飞机集成系统环境出现任何故障，或环境内部或外部的干扰，飞行控制系统都必须能持续地执行其预期的功能。

（2）任何气动力回路内发生故障的系统，不应产生不安全水平的非指令性动作，并应具有在故障影响消除后，自动恢复执行关键功能的能力。

（3）气动力回路内的系统，在暴露于任何故障源之中或暴露后，不应受到不利的影响。

（4）由于故障、内部或外部干扰导致的单个单元或组件损坏，同时这些损坏需要通告机组，要机组采取措施，则必须经审查组识别和批准，以保证机组能够识别，同时还应保证建议的机组动作能产生预期的效果，使飞机继续安全飞行和着陆。

（5）由虚假信号，如内部或外部干扰，或是功能故障引发的，导致系统从正常模式到降级模式的自动转换，必须满足适当的概率要求。

（6）暴露于内部或外部干扰，或是功能故障的虚假信号，不应导致大于允许概率的危害。必须评估对操纵品质的影响。

（7）必须表明飞行控制系统信号或者不能被无预期地改变，或者已被改变的信号满足以下要求：

a. 对所有的操纵面闭环系统，能保持稳定的增益和相位裕度，这一要求不包括飞行员控制输入。

b. 应提供足够的俯仰、滚转和偏航能力来提供持续安全飞行和着陆所需的控制。

c. 对气动力回路内部的系统，由虚假信号引发的影响，一定不能产生使飞机性能不可接受的瞬变或降级。尤其是会造成控制面作动器明显非指令动作的信号必须易于被检测和抑制，或是通过其他方法使舵面动作得到有效的控制，小幅值的剩余振荡是可接受的。

（8）必须表明控制面闭环系统的输出不会导致飞行控制面非指令性的持续振荡。对于较小的不稳定性影响，通过充分的评审、记录和认知是可接受的。

3.3.2.2　背景说明

对于采用电子飞行控制系统（EFCS）的飞机，飞机的飞行控制系统包含数字设备、软件及电子接口，并通过发送指令信号来控制飞机。这些信号对干扰可能是敏感的，可能导致不可接受的系统响应。因此，必须保证从机组和（或）任何自动飞行设备发出的指令信号不会因其内部或外部干扰的单独或共同作用而发生不利的改变。

　　传统的飞行控制系统通常采用机械或液压-机械方式将指令信号传输到主、辅控制面。

　　由于可将失效状况划分为有限数量的类别(如维修错误、卡阻、脱开、机械元件的失控或失效、液压元件的结构失效等),因此,能够相对直接地确定干扰指令传输的原因。此外,传统飞行控制系统,几乎总能辨识出最严酷的失效状况,这些失效状况可以覆盖引发相同后果的其他状况。但对于包含数字设备、软件和电子接口的EFCS而言,经验表明来自内部和(或)外部的干扰源对电子数字传输线路上的信号产生干扰不是不可能的。而且考虑到EFCS设备的复杂性,失效状况并不能像传统机械控制系统那样容易被预测、分类和处理。

　　现行CCAR25中的相关条款(如第25.671和25.672条)主要是针对传统飞行控制系统制订的,这些条款没有对指令的完整性和控制信号不得因内外干扰而改变规定专门要求。因此,根据CCAR21.16的要求,需要制订专用条件以保持和现行CCAR25部等效的安全水平。

3.3.2.3　专用条件解析

　　本专用条件所指"干扰",是在任何条件下生成的能够使指令信号背离其预期特性的信号,这种干扰可分为下列两类。

　　1) 可能修改指令和控制信号的内部原因

　　(1) 数据位的丢失。

　　(2) 有害的瞬变。

　　(3) 计算机能力饱和。

　　(4) 微处理机对信号的异步处理。

　　(5) 传输延迟的不利影响。

　　(6) 数字信号的低分辨率。

　　(7) 传感器噪声。

　　(8) 不可靠的传感器信号。

　　(9) 混淆效应。

　　(10) 不合适的传感器监控门限。

　　(11) 相互作用并可能反馈进入系统运行的结构影响。

　　2) 可能修改指令和控制信号的外部原因

　　(1) 闪电。

　　(2) 电磁干扰影响(EMI)(如马达效应,机载电源干扰、电源切换瞬变,影响飞行控制的小幅值信号及电气失效瞬变等)。

　　(3) 高强度辐射场(HIRF)。由上述两类中任何干扰生成的虚假信号和(或)错误数据可能会导致飞行控制系统功能不正常,这种功能不正常可能会产生不可接受的系统响应,这些响应同样会在传统机械控制系统中出现,例如:有限周期/振荡失效、非指令运动/急偏、断开、锁死和错误的指示/告警。既然上述系统任一响应都表现为一种飞行危险。那么,就必须强制要求指令信号保持连续,并能不受内部和外部虚假信号源干扰和共因失效影响。因此,应该使用特殊的设计手段使系统完整性保持在至少等效于传统的液压-机械设计所具有的安全水平。如果对研发方法和定量/定性符合性证据给予了特别的关注,这些专门的设计手段可通过系统安全性分析过程进行监控。

3.3.2.4　建议的符合性方法

对该专用条件,建议的符合性方法如下:

(1) MC1(设计说明)——通过说明系统设计的架构和逻辑来表明满足专用条件要求。

(2) MC3(安全评估)——通过对主飞行控制系统的安全性分析和共模分析来表明信号改变不会导致灾难性情况。

(3) MC4(实验室试验)——对于改变型号的探测软件,按照 DO178B 和 DO254B 要求进行软硬件试验。

(4) MC6/MC8(飞行试验/模拟器试验)——进行飞行控制系统该故障条件下的试飞或者模拟器试验,特别是关注在故障后飞行控制系统重构过程中的过渡过程试验。

3.3.3　经协调一致的第 25.671 条

3.3.3.1　专用条件内容

ARAC 2001 年 3 月 19 日起草并提出的最终版本的第 25.671 条提案可以按照 CCAR21.16 关于专用条件的规定作为专用条件,具体内容如下。

第 25.671 条总则

(1) 每个操纵器件和操纵系统对应其功能必须操作简便、平稳和确切。操纵系统应被设计成能够持续工作并且不能妨碍飞机从任何姿态恢复。

(2) 飞行操纵系统的每一元件必须在设计上采取措施以使由于装配不当而导致系统失效而无法执行其期望功能的概率减至最小。仅在设计手段无法实现的情况下,可以采用在元件上制出明显可辨和永久性标记的方法。

(3) 必须用分析、试验或两者兼用来表明在正常飞行包线内,发生飞行操纵系统和操纵面(包括配平、升力、阻力和感觉系统)的下列任何一种失效,包括卡阻后,不要特殊的驾驶技巧或体力,飞机仍能继续安全飞行和着陆。可能出现的失效必须只产生微小的影响,而且必须是驾驶员易于采取对策的:

a. 除(c)(3)款中定义的失效类型以外的任何单个失效。

b. 未表明是概率极小的失效的任意组合。此外,当操纵系统中已存在任何单个失效的情况下,任何额外的、会妨碍持续安全飞行和着陆的失效状态,其组合概率应小于1/1000。本条不包括(c)(3)款中定义的失效类型。

c. 任何导致操纵面或驾驶员操纵卡阻的失效或事件,卡阻指由于物理冲突,操纵面或驾驶员操纵器件被固定在某个位置处。卡阻必须按照下列情况进行评估：

（a）必须考虑任何正常使用位置的卡阻；

（b）必须假设，可能出现的单个失效或失效组合发生在除着陆前瞬间的正常飞行包线内的任何位置。考虑到起动改回的时间延迟，着陆前瞬间不足以实现改回；

（c）当已存在本小条规定的单个卡阻情况下，任何额外的、会妨碍持续安全飞行和着陆的失效状态，其组合概率应小于 1/1000。

d. 任何飞行操纵器件滑移到不利位置的失控情况，如果这种失控可由单个失效或失效组合引起，且不是极不可能的。

（4）飞机必须设计成所有发动机在飞行中的任何点全部失效的情况下仍可操纵，且有从进近和平飘至着陆的可能。如果表明分析方法是可靠的，则可以通过分析来表明满足本要求。

（5）系统设计必须保证任何时候主要控制器件接近控制权限限制时，能够被机组适当地感知。

（6）如果系统的设计使其具有多种工作模式，则当任何工作模式显著改变或降低飞机的正常操纵特性或品质时，必须向机组提供指示信息。

3.3.3.2 背景说明

CCAR25.671 用于确保飞行控制系统的基本完整性和可用性，确保服役过程中曾发生的任何失效是飞行机组能处理的，且不妨碍飞机持续安全飞行和着陆。

FAA 的一个 ARAC 工作组已经提供一份关于第 25.671 条修订的新提案以及相关的咨询材料。启动该提案研究的原因包括：协调各方要求的工作结果、国家运输安全委员会（NTSB）对事故调查的分析结果以及更新近年来用于处理电子飞行控制系统（EFCS）专用条件的要求。ARAC 协调工作组提供的第 25.671 条修正提案以及相关咨询材料中就非正常姿态下的恢复、防止维修差错风险、特定的隐性失效风险、飞行控制卡阻和失控、所有发动机故障下的可控性以及飞行机组感知操纵权限限制，提出新的要求或明确原文要求。

3.3.3.3 专用条件解析

相较于现行的 CCAR25.671，该专用条件的变化包括：

（1）第 25.671(a)条增加了可以在任何飞行姿态下操纵的要求。

（2）第 25.671(b)条将"设计手段无法实现的情况下"作为"仅通过标记来确保正确装配的"前提。

（3）第 25.671(c)(1)条澄清了何种卡阻将从"任何单个故障"中排除。将"极不可能"从可接受的符合性方法中去除。

（4）第 25.671(c)(2)条在数值分析中加入了 1/1000 的特定风险值，说明何种卡阻故障将被排除。

（5）第 25.671(c)(3)条提供了卡阻定义。将"极不可能"从可接受的符合性方法中去除。在附加失效状态中加入 1/1000 的特定风险分析。增加了覆盖着陆前的时间段难度的认知。

（6）第 25.671(c)(4)条重点考虑了滑移到失控的要求。要求针对单个故障情况进行考虑，无论可能性大小。

（7）第 25.671(d)条在飞行中任何情况下，将考虑的全发失控故障，要求飘降能力。

（8）新增第 25.671(e)条增加了对操纵器件达到控制权限限制时的感知要求。

（9）新增第 25.671(f)条增加了对飞行控制系统控制模式通告的要求。

3.3.3.4　建议的符合性方法

对该专用条件，建议的符合性方法如下：

（1）MC1(设计说明)——通过系统设计和逻辑描述来表明满足专用条件要求。

（2）MC2(分析/计算)——分析第 25.671(d)条要求的飞机在所有发动机失效情况下继续受控飞行、进近和拉平落地的能力。

（3）MC3(安全评估)——通过对飞行控制系统的安全性分析来表明导致不能继续安全飞行和着陆的故障概率为极不可能。

（4）MC6/MC8(飞行试验/模拟器试验)——进行飞行控制系统在故障条件下的试飞或者模拟器试验，表明在专用条件第 25.671(c)条指定的故障条件下仍能继续安全飞行和着陆。演示第 25.671(e)(f)条要求的信息通告功能。

4 面向适航的电传飞行控制系统的设计

4.1 概述

现代民机通常都包含高度复杂或综合的可实现飞机级需求的系统。飞机级需求包括客户/乘客要求、适航/安全性需求、成本要求以及项目管理和开发者团队等需求。为取得民机适航证,需要在飞机及电传飞行控制系统的设计中,将适航规章的要求(法规要求)作为飞机开发的顶层需求或要求,由于适航规章本身并不是直接可引用的工业标准或工程设计规范,所以需要有一种方法,即民机系统设计中所谓的"form must follow function"方法,将相当部分的适航规章要求,典型的如第25.1301、25.1309 条,通过飞机级功能及其 FHA(功能危害性评估)转换成工程需求,并传递到飞机的有关系统如电传飞行控制系统。因此,为确定电传飞行控制系统的需求,需要从飞机级的功能(功能性需求)和功能危害性分析着手,采用典型的自上而下的正向设计方法落实适航规章要求。

4.1.1 飞机级功能定义过程

为使电传飞行控制等飞机的系统设计满足飞机开发的顶层需求,一个清晰的和结构化的飞机级功能定义过程和主要活动如下:

(1)详细的飞机顶层需求文件。定义了期望满足客户等利益相关方的需求,其中包括适航规章的要求。

(2)飞机级功能的识别。

(3)飞机级功能到其他项目需求的分配和实现。

(4)详细的飞机级 ATA 分解(物理分解)。

(5)详细的功能需求文件和功能描述文件。详述了每个顶层飞机级功能需求并提供了充分的细节以进行后续的设计活动。

(6)详细的顶层系统级需求文件,每个顶层系统级需求文件包含哪些功能需求文件中的功能,将通过相应的 ATA 系统予给实现,这一过程活动是可以选择的。

(7)飞机级需求的进展管理。

(8)飞机级需求的确认。

该定义过程的主要输出是飞机级功能定义,并由顶层飞机级需求文件和功能需求文件/功能描述文件组成。

顶层飞机级需求文件应与功能需求文件/功能描述文件和顶层系统级需求一起作为一组协调的飞机级需求,指导后续的设计活动,以验证实现的飞机产品满足其设计需求(实现过程验证)。

包含在顶层飞机级需求文件、功能需求文件和功能描述文件中的需求应进行确认。

4.1.2　飞机级功能

功能定义为:飞机的部分正规典型活动,如完成任务、行动或活动以达到一个期望的结果(ANSI/EIA - 632),预期的产品行为(SAE ARP4754A)等。

运输类飞机的飞机级功能定义通常从飞机的基本功能开始,反映了可理解的飞机产品使用目的,这样的定义或功能识别来自于多年的飞机设计经验和行业工程师的共同认识。将识别出的飞机级基本功能分解为主要功能和次要功能,由此,产生了飞机级功能的层级关系,形成了飞机级的功能分解结构。原则上,飞机级功能的层次以2～3层为宜,飞机级功能的上层对应飞机级顶层需求,其下层连接将开发的飞机系统。典型的运输类飞机的基本功能示例如表4-1所示。

表4-1　典型的运输类飞机的基本功能示例

基本功能	主要功能	次要功能
从起点到终点的移动	在地面,对飞机的控制	在地面,对飞机速度的控制
		在地面,对飞机方向的控制
	飞行中,对飞机的控制	速度控制
		滚转控制
		偏航控制
	导航	提供导引
		提供预测
载荷调节	内部空气控制	压力控制
		通风控制

飞机功能的性能需求:对特定功能的满意程度进行定量的描述。

4.2　飞机级功能定义过程的最佳实践

4.2.1　过程目标

1)飞机级别功能定义过程的目标

(1)除去其他项目需求(项目管理需求、商务需求等)之外,满足飞机顶层所识别出的需求。

（2）提供所需要的数据以保证飞机和系统的开发。

2）飞机级功能定义的过程

（1）需求的追溯贯穿整个飞机生命周期（通过需求工程过程应用予以实现）。

（2）对飞机顶层需求文件、功能需求文件、功能描述文件和顶层系统需求文件的一致性和完整性进行评估。

（3）对飞机级需求进展进行管理。

（4）所有的利益相关方对公共需求共同管理。

3）飞机级功能定义的组成

（1）建立飞机部件或系统需求的源文件。

（2）建立飞机验证过程的源文件。

（3）在概念设计阶段，准备、计划和进行飞机项目支持活动的源文件。

（4）飞机标准规范的源文件。

（5）飞机文件的源文件（如《飞机维护手册》等）。

利益相关方将输出的部分信息直接用于飞机开发或关联到开发过程（如客户、试验阶段、适航等）。这将通过飞机项目管理进行授权。

4.2.2　过程描述

飞机设计应通过对来自用户要求或其他外部需求的顶层飞机需求的识别开始。这些需求在客户所需适航需求中的顶层飞机需求文件中进行定义。

飞机设计过程要求将顶层飞机需求向下一级进行分解。采用功能向下分解的方法，首先对飞机级功能进行识别，然后生成功能需求文件和功能描述文件。

顶层飞机需求文件是生成功能需求文件/功能描述文件的主要源文件。

在认可的组织架构中，按程序要求生成顶层系统需求文件，其可以对组织管理飞机开发过程到负责组织 ATA 章节开发的合作伙伴之间的信息传递进行控制。这一活动是可选择进行的，因为，这些信息已经在功能需求文件和功能描述文件中了。

飞机物理分解应与飞机功能定义同时进行决策，这可以对实现飞机功能所必需的物理组件进行识别。

当对飞机的功能进行分析时，飞机功能定义过程与安全性评估过程关联紧密。如果没有对飞机功能有彻底的理解，安全性分析就不能进行。这两个过程必须是同时且迭代地进行的。

飞机功能定义过程必须与飞机销售过程紧密相关，尤其是进行权衡研究之时。

图 4-1 表明了飞机功能定义的过程。

系统、结构、支持等对飞机功能的实现都是必需的。图 4-2 解释了飞机功能在系统、结构和其他专业的分配。

在系统专业，SAE ARP4754A 是应用到系统设计中的文件，它要求系统开发过程应能从飞机功能需求的识别、飞机功能到系统的分配追溯到飞机级。功能需求文

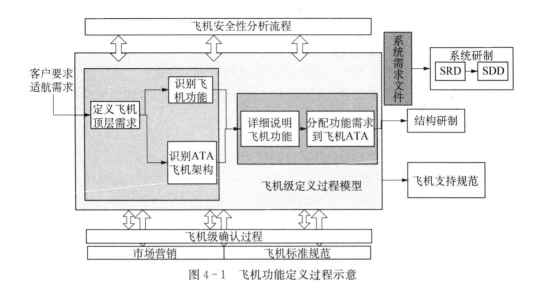

图 4-1　飞机功能定义过程示意

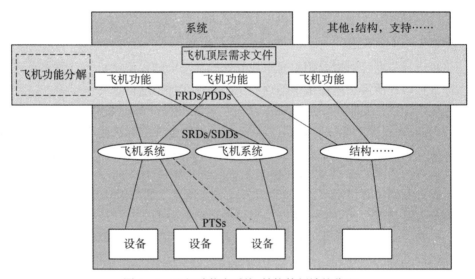

图 4-2　飞机功能在系统、结构等领域的分配

件/功能描述文件的目的就是为实现这一活动：

（1）功能需求文件的目的是识别功能需求。

（2）功能描述文件的目的是定义飞机系统和结构在功能实现过程中的工作范围。

功能需求文件/功能描述文件是系统规范制订过程的主要输入文件（可参考系统需求文件/系统描述文件）。

如果系统参与几个飞机功能的实现，几个功能需求文件/功能描述文件或许就会要求产生系统需求文件。

　　如果一个飞机级功能是由几个系统共同完成的,那么,功能需求文件/功能描述文件就应用于生成这几个系统的需求文档。

　　推荐生成顶层系统需求文件的方式:从功能需求文件/功能描述文件中选取所有 ATA 章节需要的所有功能需求,这使飞机级开发过程和系统级开发过程之间的信息交流更为方便。

4.2.3　输入/输出

飞机功能定义过程如图 4 - 3 所示。

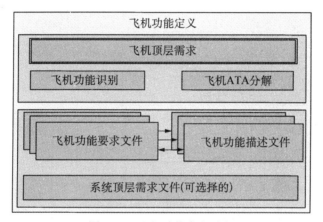

图 4 - 3　飞机功能定义过程

飞机功能定义过程输出如图 4 - 4 所示。

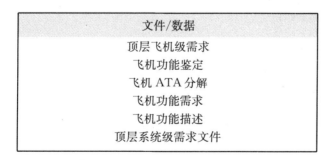

图 4 - 4　飞机功能定义过程输出

　　注:虽然这个文件给出了飞机功能定义数据的建议内容,对它的形式也没有做任何假定,它可能是一份或几份文件:

　　(1) 一份包含顶层飞机需求的文件,一份飞机功能需求和描述的文件。

　　(2) 一份包含顶层飞机需求的文件,一份飞机功能需求文件和一份功能描述文件。

（3）其他。

图4-5对飞机内部开发过程之间的接口关系进行了阐释说明。

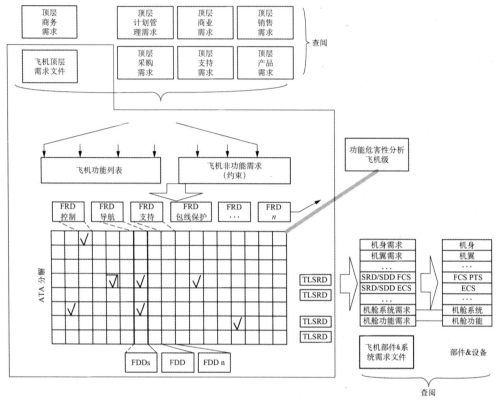

术语

TLARD：顶层级飞机需求文件。

FRD：功能需求文件。

FDD：功能描述文件，分配飞机功能给系统。

SRD：系统需求文件。

SDD：系统描述文件。

FHA：功能危害性分析。

TLSRD：顶层系统需求文件。

图4-5　飞机内部开发过程之间的接口关系

4.2.4　利益相关方的需求

对飞机环境要求不一致而导致要求有冲突的利益相关方应进行分析和表述。

（1）客户：航空公司，运行人；

（2）乘客和货物发送人；

（3）空勤人员和地勤人员；

（4）自然环境：噪声、污染等；

（5）运行环境：飞行、地面、空中交通、导航、通信等；

（6）规章：适航、保险；

（7）厂商（安全、可支持性、制造等）。

4.2.5　过程活动及输出与项目管理的关系

顶层飞机需求文件/功能需求文件/功能描述文件/顶层系统需求文件是飞机功能定义过程中主要活动的交付物，这些活动是飞机开发过程中的活动，是项目管理里程碑定义的重要基础。图4-6给出了上述交付物与飞机开发里程碑之间的关系。

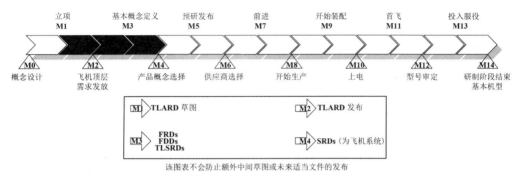

图4-6　过程交付物与飞机开发里程碑之间的关系

4.2.6　通用飞机功能

为便于理解飞机功能，确定相关的功能性需求，本节给出了一个建议的通用飞机功能列表，可用于民机功能识别及飞机级FHA过程，源自于工程经验和先前飞机FHA经验。为适应在研飞机的管理要求和技术特征，可对通用飞机功能目录进行更新。

飞机功能目录基于飞机功能的3个层级。建议的目录是一个表格形式，该表格考虑了飞机与可分配系统之间的关联，系统是基于ATA章节和子章节定义的（SBS），如表4-2所示。

注：（1）系统关注的结构部分（ATA51到ATA57）没有在通用飞机功能目录中予以考虑，并且在本附件的最后一页列出仅是为了回忆。

（2）与每个功能相关的数字是一个参考数字，不代表重要等级。

表4-2　通用飞机功能目录

飞机FHA功能目录			链接到系统（ATA目录）		
飞机功能	飞机子功能	相关系统功能	受影响的系统		详细的系统功能（子ATA章节）
1　地面控制飞机	1　地面速度控制	1　控制地面扰流板	27　飞行控制		60　扰流板和速度刹车 90　电子飞行控制系统
		2　控制机轮刹车	32　起落架		40　机轮和刹车
		3　推力换向控制； 3′反向/桨叶角控制	78　排气 61　推力		30　推力换向 20　控制

（续表）

飞机 FHA 功能目录			链接到系统（ATA 目录）	
飞机功能	飞机子功能	相关系统功能	受影响的系统	详细的系统功能（子 ATA 章节）
1　地面控制飞机	2　地面方向控制	1　控制方向舵	27　飞行控制	20　方向舵 90　电子飞行控制系统
		2　控制前轮转向	32　起落架	50　转向
		3　控制差动刹车	32　起落架	40　机轮和刹车
		4　控制差动推力	78　排气	30　推力换向器
	3　提供地面构型	1　控制起落架收回/伸出	32　起落架	10　主起落架和门 20　前起落架和门 30　伸出和收回 60　位置和告警 70　辅助传动装置
		2　控制燃油泵	28　燃油	30　泵
	4　提供地面控制数据	1　为地面控制提供飞机数据（速度、起落架状态等）	34　导航	10　飞行环境数据/大气数据 惯导 30　着陆和滑行帮助
			32　起落架	40　机轮和刹车
2　空中控制飞机	1　滚转控制	1　滚转轴控制	27　飞行控制	10　副翼 90　电子飞行控制系统
		2　滚转配平控制	22　自动飞行	10　自动驾驶 20　速度-高度修正 40　系统监控器
	2　偏航控制	1　偏航轴控制	27　飞行控制	20　方向舵 90　电子飞行控制系统 40　系统监控器
		2　偏航配平	22　自动飞行	10　自动驾驶 20　速度-高度修正 40　系统监控器
	3　俯仰控制	1　俯仰轴控制	27　飞行控制	30　升降舵 40　可配平的水平安定面 50　襟翼 80　升力增加（缝翼） 90　电子飞行控制系统
		2　俯仰配平控制	22　自动飞行	10　自动驾驶 20　速度-高度修正 40　系统监控器

（续表）

飞机 FHA 功能目录			链接到系统（ATA 目录）	
飞机功能	飞机子功能	相关系统功能	受影响的系统	详细的系统功能（子 ATA 章节）
2　空中控制飞机	3　俯仰控制	2　俯仰配平控制	28　燃油	10　存储量 50　燃油管理
			31　指示/记录系统	44　重量和平衡系统
	4　提供导航数据	1　提供飞机导航数据（位置、航向、姿态等）	34　导航	10　飞行环境数据/大气数据惯性导航系统 20　姿态 & 方向/备份导航 30　着陆和滑行帮助 40　独立位置确定 50　依赖位置确定 60　位置计算 70　电子显示仪器
			46　信息系统	未来控制导航系统
3　推力控制	1　推力产生	1　发动机起动	80　起动	10　起动 11　风力起动器和阀系统
	2　推力控制	1　推进器控制（涡轮螺桨飞机发动机）	61　螺旋推进器	10　推进器组件 20　控制 40　指示 50　推进器刹车系统
		2　发动机推力控制	70　实际标准	
			71　动力装置	
			72　发动机	
			73　发动机燃油和控制	
			74　点火	
			75　引气	
			76　发动机控制	
			77　发动机指示	
			78　排气	
			79　滑油	
		3　自动推力控制	22　自动飞行	30　自动油门 40　系统监控器

（续表）

飞机 FHA 功能目录			链接到系统（ATA 目录）	
飞机功能	飞机子功能	相关系统功能	受影响的系统	详细的系统功能（子 ATA 章节）
4 驾驶舱、客舱和货舱的环境控制	1 空气控制	1 对压力、温度、湿度和给机组/乘客和货物的通风进行控制	21 空调	10 压缩 20 分配 30 增压控制 40 门区域加热 50 冷却 60 温度控制 99 支架和空调支持
	2 提供生命支持	1 让机组/乘客满意和舒适（厕所、厨房、座椅、声音传播控制等）	25 设备/家具	10 飞行分区/驾驶员舱 20 乘客分区/客舱 30 餐具柜和厨房 40 厕所 50 货舱分区 60 应急 70 附加分区 80 热和声的隔绝
			娱乐项目	
	3 允许进/出	1 控制机组/乘客/货物进入和退出的机械装置	52 门	
	4 提供照明	1 提供内部照明（驾驶舱、客舱和货舱的照明）	33 灯	10 飞行分区/驾驶舱 20 乘客分区/客舱 30 货物和服务区 50 应急照明
		2 提供外部照明	33 灯	外部
5 提供人机接口	1 提供数据、控制、指示和告警	1 为飞行机组人员配备	31 指示/记录	10 仪表和控制板 20 独立仪表 30 记录器 40 中央计算机 50 中央告警系统 60 中央显示系统/电子仪表系统
		2 为地勤人员配备（维护）	45 机载维护系统（OMS）	10 中央维护系统（CMS） 20 上传和下载数据加载系统 40 打印 50 架构监控器

（续表）

飞机 FHA 功能目录			链接到系统（ATA 目录）	
飞机功能	飞机子功能	相关系统功能	受影响的系统	详细的系统功能（子 ATA 章节）
6 提供通信	1 内部通信	1 机组通信	23 通信	10 语音通信 20 数据传输 & 自动呼叫 30 乘客请求和娱乐 40 内部电话 50 音频综合 60 静态放电 70 音频/视频监控/内部通信 80 综合自动调整 90 数据总线系统通信
	2 外部通信	2 与地面通信	23 通信	
		3 与其他飞机通信	23 通信	
7 对自然的和诱发的环境问题提供保护	1 针对环境危害提供保护措施	1 提供闪电和电磁提供保护	所有 ATA 章节	
		2 单个事件颠覆保护	所有 ATA 章节	
		3 冰、雨和除雾保护	30 提供对冰和雨的保护	10 机翼 20 进气口 30 皮托管和静压 40 窗户、风挡玻璃和门 50 天线和（雷达）天线屏器 60 螺旋推进器/转子 70 水位 80 冰探测
			21 空调	20 分配（窗户和挡风玻璃）
		4 防撞击保护（其他飞机、鸟撞）	33 灯	
			34 导航	40 T4 CAS
		5 风切变和突风防护	27 飞行控制	70 突风锁系统
			22 自动飞行	60 飞行包线
		6 反恐防护	所有 ATA 章节	
	2 提供对内部危害的防护	1 发动机/轮胎爆裂防护	所有 ATA 章节	
		2 降压防护（应急生命支持）	35 氧气	10 机组氧气 20 乘客氧气 30 便携式氧气

（续表）

飞机FHA功能目录			链接到系统（ATA目录）	
飞机功能	飞机子功能	相关系统功能	受影响的系统	详细的系统功能（子ATA章节）
7 对自然的和诱发的环境问题提供保护	2 提供对内部危害的防护	3 防火	26 防火保护	10 探测 20 灭火 21 发动机灭火 22 APU灭火 23 货舱区灭火 30 防火/防爆
8 消耗品和动力供应	1 消耗品的供应	1 燃油供应	28 燃油	10 贮藏（量） 20 分配 40 指示 50 燃油管理
		2 水的供应	38 水/废水	10 饮用水 20 废水 30 废水处理 40 供气源 99 支架和支撑——水/废水
		3 氧气供应	35 氧气	10 机组氧气 20 乘客氧气 30 便携式氧气
	2 动力供应	1 液压动力供应	29 液压动力	10 主液压动力 20 辅助液压动力 30 指示
		2 电力供应	24 电源	10 发电机驱动 20 AC交流电 30 DC直流电 40 外部电源 50 AC电负载配电 60 DC电负载配电 90 虚拟电路布线
		3 气动力供应	36 气动	10 分配 11 发动机引气供应系统 12 APU引气和交叉引气 20 指示 21 压力和温度监控 22 泄漏探测
		4 计算能力供应		综合模块化航电（integrated modular avionics，IMA）

（续表）

飞机 FHA 功能目录			链接到系统（ATA 目录）		
飞机功能	飞机子功能	相关系统功能	受影响的系统	详细的系统功能（子 ATA 章节）	
8 消耗品和动力供应	2 动力供应	5 辅助动力供应	49 机载辅助动力	10 动力装置 20 发动机 30 发动机燃油和控制 40 点火和起动 50 空气 60 发动机控制 70 指示 80 排气 90 滑油	
9 结构载荷和振动的减缓	1 颤振控制				
10 与运行相关的特殊功能	1 空中燃料补给 2 空投				
11 结构（for memory）	1 提供静态容积	1 提供驾驶舱容积 提供客舱容积 提供货舱容积	51 结构	10 损坏分类 20 密封/程序 30 修理材料表 40 紧固件 50 飞机修理和校准支撑 60 气动平滑性/结构配平 70 修理 80 机身排水	
			53 机身	60 地板 70 常规交叉点结构	
	2 隔离/连接容积	1 驾驶舱/客舱隔离货舱隔离	52 门	10 乘客/机组 20 应急出口 30 货舱 40 服务 50 固定内部 60 进门楼梯 70 门告警 80 起落架 90 其他	
		2 窗和风挡玻璃	56 窗	10 驾驶舱 20 客舱 30 门 40 检查和观测	

飞机 FHA 功能目录			链接到系统(ATA 目录)	
飞机功能	飞机子功能	相关系统功能	受影响的系统	详细的系统功能(子 ATA 章节)
11 结构 (for memory)	3 提供气动外形		53 机身	10 主框/前机身前端 20 辅助结构/前机身 30 蒙皮-中机身 40 连接接头/后机身 50 气动整流装置/尾锥-后机身 80 后机身 90 固定连接接头
			54 吊舱/吊挂	10 吊舱/吊舱前部 20 辅助/吊舱中部 30 外壳/吊舱后部 40 连接接头 50 吊挂 90 固定连接接头
			55 安定面	10 水平安定面 20 升降舵 30 垂直安定面 40 方向舵 90 固定连接接头
			57 机翼	10 中央翼 20 外翼 30 翼尖 40 前缘和前缘装置 50 后缘和后缘装置 60 副翼 70 扰流片 90 固定连接接头

4.2.7　飞机级需求及功能在电传飞行控制系统中的分配

飞机级功能"空中控制飞机"是一种目的性或用途性的功能,识别目的性或用途性的功能,解决飞机按用户等 Stakeholder 的要求设计飞机的意图,从"user case"的角度定义和识别飞机产品。为便于用户与工程师之间对产品的理解一致,通常可以将飞机级用途性的功能转换为某种原理性的功能(principle),尤其是具有工程原理性的功能。典型的转换为将"空中控制飞机的功能"转换为"俯仰控制""滚转控制"和"偏航控制"3 个子功能,这次转换既给了用户中的飞行员等较专业人士清晰的功能实现路径,也给了飞机设计工程师明确的设计意图,即用空气动力学和力矩控制方式实现"空中控制飞机的功能",隐含不会采用直接力控制的方式实现"空中控制飞机的功能"。假如"空中飞机控制的功能"分解为"直接力控制"和"力矩控制",这也是可以的。就目前的技术和发动机能力,如推力矢量控制,在两种分解下未来的系统设计实现肯定不一样。

原理性的功能只给出了工程设计实现的方向,但以什么具体路径去实现还需要明确,所以仍需将原理性的功能(principle)进一步分解为过程性功能(process)或需要的能力(capability),典型的如将"滚转控制"分解为"滚转轴控制和滚转配平控制";"偏航控制"分解为"偏航轴控制和偏航配平控制";"俯仰控制"分解为"俯仰轴控制和俯仰配平控制"。飞机级功能分解到该层级时,事实上已将原理性功能及功能需求分解和细化到了可用工程技术实现的飞机级需求,并进一步将可用工程技术实现的需求分配到飞机的各个系统,产生系统开发或设计的需求。

仅有上述飞机级功能性需求,并不能推断在飞机设计中一定采用电传飞行控制系统,某种程度上传统的机械式飞行控制系统也是能够实现"俯仰轴、滚转轴及偏航轴"的控制的,正如第 1 章和第 2 章所述,所以决定采用电传飞行控制系统的理由肯定存在其他的需求或要求。通常来讲,飞机级的需求(无论需求的层级)可以分为两大类,一类为功能性需求(自然也就包含性能的需求),另一类为非功能性需求或者约束性需求,非功能性需求包括重量的需求、采用特定技术以解决先进性的需求、延续以前开发的系统或部件以及可靠性、可用性、维护性等许多方面的需求。电传飞行控制系统相比于传统机械系统的优势包括布局方便、有利于提高飞机的飞行控制精度和降低驾驶员飞行控制负荷、为主动控制技术的发展提供了很好的技术基础以及在飞机上可以实现更多更好的功能等,这些优势如果变成飞机级的需求,既包含了功能性需求,也包含了非功能性需求,那么,为满足飞机级需求,自然就会考虑采用电传飞行控制系统了。

为满足第 25.1309 条的要求,需要利用飞机级的功能危害性分析(AFHA)捕获飞机级的安全性需求,并将此安全性需求传递到系统,作为系统开发的顶层需求。由于本节中飞机级功能分为三层,以哪一层功能应用 FHA 呢? 按 ARP SAE 4761 的要求,飞机级 FHA 应该在功能层次中以合适的层级开展,那么什么是合适的层级呢? 很多从事安全性分析和捕获的方法或学者,对于上述问题的回答是靠经验。从 AFHA 来讲,是产品危害性工程理论,即产品危害三要素,包括危害源、危害触发机制和危害后果在航空产品开发上安全性分析方面的应用,是航空产业飞机产品开发多年积累并得到认可的经验总结,并纳入到适航规章的符合性方法中(AC25.1309)。AFHA 本身是一种方法而不是一种理论,因此很难用一种非常严格的概念定义和逻辑推演或解析模型来解决。

由于飞机级危害的判断来自功能危害对飞机和机上乘员安全程度的影响,作者认为合适的层级来自能够表现出飞机某种行为的功能层级(behavior),这个说法与 SAE ARP 4754A 对功能的定义是一致的。对于飞机级功能,作者更倾向于以原理性功能层级作为开展 AFHA 分析的层级,一是原理性的功能能够便于分析功能失效的后果,二是通常原理性的功能层级高于向系统分配的飞机功能层级,便于考虑某个飞机级功能分配到多个系统时的飞机级需求在相关系统落实的权衡问题,即所谓的 PASA。

由于飞机级功能不涉及更多的技术和系统架构等,仅从飞机级功能和功能危害性分析来看,看不出电传飞行控制系统与传统的如机械式等系统的差别。从另一个角度说,细节被隐藏了,被"飞机"遮蔽了,也就是说,谈飞机级功能或功能危害性时,是飞机的所谓外特性影响,电传或是非电传飞行控制系统只是有此外特性的内涵,还有待深入挖掘,或求解,或未来去开发,所谓飞机级功能或飞机级功能需求只构成了将开发系统的能力需求,是系统整体需求的一部分。对于运输类飞机,飞机级功能可以认为是相对不变的一类需求,但在不同型号的飞机上功能性需求中,性能需求可能存在较大差异。

对于电传飞行控制系统,一个非常重要的飞机级需求是飞机的电传飞行控制控制律。控制律是指飞机的舵面指令与飞行员飞行控制杆指令,不同的运动传感器信号,飞机的高度、速度和马赫数等之间的运算关系。控制律的设计方法以及引入多少种传感器信号作为控制量,不是本书研究的内容,但是,应属于功能及功能性需求捕获和分析的工作,因此飞机如采用电传飞行控制系统,控制律构成了飞机级实现控制飞机的功能的核心内容,是飞机级的需求,是待开发的电传飞行控制系统的顶层需求,至少电传飞行控制系统要具备完成控制律的实时计算的功能。

工程实践中,飞机级的需求捕获、分析和向系统级进行分配,以及系统通过架构满足需求等活动不是绝对的前后关系,实质上有相互迭代的活动,甚至需求与需求的确认、需求的验证中的某些工作是并行开展的,即所谓复杂系统的设计既是"top‐down"的,也是"bottom‐up"的。为解决开发上下游的复杂关系,需要应用构型管理的相关策略。

4.2.8　与飞行控制系统有关的典型的飞机级功能及失效条件

对于空中控制飞机功能的失效条件(failure conditions),其危害是灾难级的如下:

(1) 结冰条件下未通告的不能维持空气动力(失去);

(2) 失去偏航控制并结合发动机停车和严重侧风;

(3) 失去俯仰轴控制;

(4) 失去人工飞行控制功能;

(5) 飞行控制面的结构失效(也可能是危害级的);

(6) 未设权限的自动飞行故障;

(7) 接近地面时的推杆器故障;

(8) 未通告的滚转轴控制故障;

(9) 未通告的偏航轴控制故障;

(10) 未通告的俯仰轴控制故障;

(11) 未通告的电子配平故障(根据机型);

(12) 未通告的在警示高度下的自动着陆故障。

对于空中控制飞机功能的失效条件,其危害是危险级的如下:

(1) 在自动着陆中未通告的失去自动飞行功能;

(2) 设权限和多轴的自动飞行故障;

(3) 飞行中未通告的襟翼故障;

(4) 飞行中推杆器故障;

(5) 飞行中失去推杆器功能并处于失速状态;

(6) 失去偏航控制并结合发动机停车和严重侧风;

(7) 失去滚转控制但偏航控制可用;

(8) 起飞时飞行指引只提供侧向指示。

对于失去增稳功能或人工感觉功能,其危害等级依机型不同;对于增稳功能或人工感觉功能故障,其危害等级依机型不同。

对于地面控制飞机功能的失效条件及其危害等级如下:

(1) 未通告的刹车功能失去,危害等级为灾难级;

(2) 失去起落架控制功能,其危害等级为危险级;

(3) 起落架控制功能故障,其危害等级为危险级或主要级;

(4) 起落架收放功能故障,其危害等级为危险级;

(5) 刹车功能故障,其危害等级为危险级。

从上述飞机级 FHA 结果来看,仍然看不出与电传飞行控制系统的直接关联性,需要分配到系统并作为系统的开发需求(安全性需求)后,从系统级的 FHA 捕获电传飞行控制系统的指标要求。

4.3　电传飞行控制系统功能及安全性需求

电传飞行控制系统在飞机级分配而来的需求基础上,需要识别出系统级的功能,并定义出系统级的功能性需求,以及其他需求,形成系统级的需求(SRD)。有系统级的需求(SRD)后,开发电传飞行控制系统的架构满足 SRD 需求,满足 SRD 的架构文件通常称为系统设计描述(SDD)。SRD 也称为需求规范,SDD 称为架构规范,SRD+SDD 称为系统规范。

4.3.1　典型的电传飞行控制系统功能

空客某型飞机 A×××飞机主飞行控制系统定义的主要功能总结如下:

1) 人工指令和控制律计算

(1) 驾驶舱控制;

(2) 驾驶舱控制指令获得(正/副驾驶侧杆和脚蹬、减速板手柄、油门杆、俯仰和方向舵配平开关);

(3) 人工飞行导引指令和选择;

(4) 控制律重构（正常、辅助和直接模式）。

2）舵面偏转指令计算

(1) 空中减速、地面扰流片、高升力副翼下垂、飞行控制指令与选择；

(2) 载荷减缓、乘坐品质控制律；

(3) 发送指令到作动器，实现对舵面的位置进行控制。

3）舵面偏转伺服系统

(1) 作动器的工作模式和闭环控制；

(2) 作动器监控；

(3) 作动器工作；

(4) 作动器动力源监控。

4）与机组人员接口

(1) 通知构型和状态；

(2) 提供警戒和告警。

5）获得飞机飞行参数

(1) 惯导系统参数；

(2) 大气数据；

(3) 无线电高度；

(4) 飞机构型；

(5) 发动机参数；

(6) 备用仪表系统。

6）飞行导引指令限制与选择

(1) 保护（迎角保护、速度保护）；

(2) 指令限制（φ_c，φ_{c_dot}，β_c，β_{c_dot}，N_{zc}）。

7）维护和测试

(1) 故障隔离和探测；

(2) 系统维护和测试；

(3) 维护数据存储；

(4) 计算机/系统管理；

(5) 采集计算机关闭/重启按钮通话器；

(6) 计算机失效、接通、重构；

(7) 系统构型；

(8) 舵面偏转指令计算；

(9) 侧向和俯仰飞行控制指令和选择；

(10) 与机组人员接口；

(11) 提供力感觉；

(12) 接管/自动驾驶自动断开管理；

（13）与其他系统的接口；

（14）与控制和显示系统接口；

（15）与数据记录器的接口；

（16）与中央维护系统、飞机状态监控系统接口。

波音某型飞机 B×××飞机主飞行控制系统定义的主要功能总结如下：

主飞行系统的功能是提供对飞机俯仰、滚转和偏航的人工飞行控制，并支持对飞机俯仰、滚转和偏航的自动化飞行控制。基于常规的驾驶杆/盘、脚蹬、俯仰配平开关和飞机传感器等的信号输入，FCE 计算出飞行控制面的飞行控制指令，并传到飞行控制面的作动器，获得预期的飞机响应。飞行控制系统功能的子功能如下：

（1）人工飞行控制；

（2）增加飞机稳定性；

（3）包线保护；

（4）乘坐品质增强；

（5）载荷减缓。

从上述两个实例可知，电传飞行控制系统就其主要功能来看，就是实现对飞机三轴的控制，从功能层面来说，其与传统的飞行控制系统是等价的，只是功能性需求有了很大的变化。由于电传飞行控制系统与传统的纯人工飞行控制系统相比有更多或者更大的权限，在飞行控制功能下的子功能有了更丰富的内容，可以满足飞机级的更多需求，如乘坐舒适性、载荷减缓、包线保护（或包线限制）、放宽飞机静稳定性以及更好的系统维修性等，电传飞行控制系统本身的需求以及需求在子系统的分配，电传飞行控制系统的集成等变得非常复杂，并具有相当的难度。

随着先进的数字技术应用和减少飞机成本的需求，现代民用飞机的系统集成度越来越高，按传统的系统分解方法如 ATA 章节，对于功能性分解与物理架构的分解的一致性有时会变得很困难，这是因为飞机级的需求分解和系统级的需求分解非常清晰，物理架构的分解也是非常清晰的，但是需求与物理架构的关系就复杂了，即同一架构要执行多种顶层的功能，如果以物理架构概念来确定系统的范围（通常是这样划分的），可以很方便地确定系统的安装接口以及物理接口，但确定系统的功能接口是比较难的，也是系统集成的关键。电传飞行控制系统的安全性需求很大一部分来自功能性的安全性需求，加上需求本身的量级增加，据说国外现代飞机的电传飞行控制系统的系统级需求规模为数千条，这对电传飞行控制系统的架构和最终的实现提出了挑战，也为如何验证安全性需求带来了繁杂的工作量和完成的难度。为解决这一问题，最好的措施是将物理架构中的设备从传统的设备概念转换为子系统的概念，建立电传飞行控制系统从系统到子系统，甚至子子系统的各层需求，进行多层次的需求确认和验证，并对需求的追溯性保持良好的跟踪。

4.3.2　电传飞行控制系统功能危害性评估

与飞机级功能危害性评估（FHA）类似，需要识别系统级的功能并进行系统级的 FHA。由于系统级架构的专业特性和物理属性更清晰，如 4.3.1 节所述，系统级定义两级或者三级功能是合适的。按 SAE ARP 4761 和 AC25.1309 的要求，采用结构化的 FHA 分析方法是适航审查可以接受的方法，但结构化的方法将带来不同功能的各种组合，组合的量级是非常可观的。由于系统级已经可以感知具体的子系统架构或物理架构，可以采用以下的方法，对潜在的系统安全性顶事件进行"屏蔽"，通过 PSSA 的多次迭代，减少了系统级的顶事件，并确保安全性需求的正确性和完整性。

潜在的安全性危害和危害性条件有：

（1）功能性危害（与功能/系统/设备/部件有关）；

（2）外部危害（来自环境的危害）；

（3）内在危害（来自设备的内在危害）；

（4）安装的危害；

（5）人活动的危害［飞行机组活动、客舱人员活动及地面人员活动（维修和运行）］。

所有上述危害在系统级都需要独立地考虑，并同时考虑相互的影响。为识别出所有的危害，在系统的设计阶段，需要采用系统化的危害减少过程，包括以下几个步骤：

（1）危害清除。对每一个潜在的危害，对在设计中是否保留的必要性进行证实（架构和实现清除）。

（2）危害级别最小化设计。当一个潜在的危害存在不能被清除时，应采用必要的设计措施，最小化该危害的危害性级别。通常采用的措施有失效检测、失效隔离、功能重构、失效影响抑制、非相似备份、健壮性设计和错误包容性设计等。

（3）保持对危害的控制。在上述两步以后，需要对余下的危害进行控制，即考虑危害的影响程度，对在飞机生命周期内发生该危害的概率控制在一个可接受的水平。

从适航性的角度，灾难级危害发生的概率小于 10^{-9} 事件，可以理解为危害清除（满足了适航规章的要求），但从安全性的角度，则可以理解为保持了对危害的控制，这也是适航性设计和安全性设计理念的一个差异（见第 1 章）。当然，系统的架构是清除危害和最小化危害级别的最有效手段。

4.3.1 节中空客某型飞机 A×××经过 PSSA 后电传飞行控制系统的灾难级系统顶事件为：

（1）失去所有的飞行控制计算机；

（2）在起飞过程中，由于脚蹬失去方向舵控制＋发动机失效或者侧风大于 15 kn；

（3）飞行过程中所有的计算机触发了过度的上电测试；

（4）失去两片方向舵，并且一台发动机失效或者很强的侧风；

（5）一片方向舵在飞行中丢失；

（6）方向舵振动，同时失去对振动的监控功能；

（7）失去四片升降舵的控制或者丢失四片升降舵（和 THS）；

（8）升降舵振动，同时失去对振动的监控功能；

（9）THS 松动到极限位置外；

（10）THS 作动器主传力路径未探测的破坏；

（11）飞行中几片副翼和扰流片丢失；

（12）同时失去滚转和方向控制。

4.3.1 节中波音某型飞机 B×××经过 PSSA 后电传飞行控制系统的灾难级系统顶事件为：

（1）俯仰控制的失去或降级导致飞机低于最小可接受的控制（MAC）；

（2）错误的俯仰控制，包括急偏或振动，足以导致不安全的飞行轨迹或者结构失效阻止继续安全飞行和着陆（CSF&L）；

（3）非指令性安定面移动导致不安全的飞行轨迹；

（4）滚转控制的失去或降级导致飞机低于最小可接受的控制（MAC）；

（5）错误的滚转控制，包括急偏或振动，足以导致不安全的飞行轨迹或者结构失效阻止 CSF&L；

（6）错误的偏航控制，包括急偏或振动，足以导致不安全的飞行轨迹或者结构失效阻止 CSF&L；

（7）在起飞和着陆期间，方向舵控制不足以抵消发动机停车或侧风的效应造成不安全的飞行轨迹；

（8）失去驾驶杆力感控制导致不安全的飞行轨迹或结构失效阻止 CSF&L；

（9）在不正确的模式下运行导致不安全的飞行轨迹；

（10）增升能力不够导致离地速度高或结构失效阻止 CSF&L；

（11）失去颤振刚度或阻尼造成结构失效阻止 CSF&L；

（12）飞行中错误地触发维修测试导致不安全的飞行轨迹；

（13）失去俯仰稳定增强功能导致不安全的飞行轨迹；

（14）触发持续的错误的超速导致不安全的飞行轨迹；

（15）触发错误的增强失速保护导致不安全的飞行轨迹；

（16）失去主动的荷兰滚阻力导致不安全的飞行轨迹或结构失效阻止 CSF&L；

（17）错误的触发机翼对称飞行控制载荷减缓导致的不安全的飞行轨迹；

（18）失去推力非对称保护（TAP），同时一台发动机停车并加大另一台推力导致过度的。推力非对称，并且方向控制不能抵消，导致横航向控制失去和不安全的飞行轨迹。

从上述两个机型的 FHA 结果来看，似乎有较大的差异。从飞机级功能及 FHA 来看，采用类似技术路线的电传飞行控制系统不应该差异很大，那么这些差异的来源是什么呢？从开发过程来看：

（1）基于类似的需求，不同的设计师采用的技术方案有差异，因此实现需求的架构肯定不同，由于系统级的 FHA 与架构（计算机选型、指令闭环）和实现（如选用不同的飞行控制面作动器）有紧密的关系，因此系统级 FHA 表现出差异。

（2）前面谈到过，功能实质上是需求的组合，功能分解结构（FBS）和物理分解结构（SBS 或 PBS）在复杂系统上存在差异性，系统的范围界定和物理组件上分配到的具体需求存在差异。

（3）即使类似的需求和系统架构，甚至同一公司的继承机型之间，不同的设计师对基于需求的功能行为的理解也存在差异，功能是功能需求的抽象，功能危害性分析是一种逻辑和方法应用的过程，就像搭建一个同样的积木，过程可以是不同的。

然而功能是产品的属性，既然飞机级功能及危害性类似，从构型演变的结果来看，系统级 FHA 之间也应存在某种类似。实际上，系统级功能或功能性需求，包括 FHA，最后都将落实到物理架构上，从底层物理架构表达的 FHA 一定看到相当多的类似。如 A×××的(1)顶事件认为失去计算机就是失去飞行控制功能，失去计算机不是简单的承担控制律计算的计算机失效，也包括飞行控制指令失效、大气数据失效（无数据源等），而 B×××的(1)、(4)等分别从俯仰控制、滚转控制等功能失去建立顶事件，但(1)、(4)顶事件中最大的贡献就是失去计算机。

所以，系统级 FHA 是捕获系统级安全需求的方法，其根本目的是根据飞机级的功能性需求（包括 FHA 要求）和非功能性需求，识别出系统级的需求，并保证需求的完整性和正确性（通过双 V，第 5 章）。

4.3.3　电传飞行控制系统的需求

电传飞行控制系统的需求应包括满足飞机级规范的可实现的所有适用需求，其需求通常包括：

（1）系统功能性；

（2）需要达到的性能；

（3）与其他系统的接口（物理、安装和功能）；

（4）运行需求；

（5）适航需求；

（6）安全性需求；

（7）共同性/复用需求；

……

严格意义上讲，上述每一条需求中都可能包含适航的需求，如电传飞行控制的功能性是通过控制率来定义的，而控制率的开发必须考虑 CCAR 25 部 B 分部的适航条款的要求，见第 3 章。本节就电传飞行控制系统需求中安全性需求和适航需求说明如下：

（1）安全性需求。

a. 定量需求，如 4.3.2 节；

b. 定性需求,通常为 A 级(ARP4754A),或 FDAL A(ARP4754A),DO‐178, DO‐254。

(2) 适航性需求。

CCAR25.671:关注舵面的卡阻等需求,a 和 b 条直接将规章内容作为需求;c 为验证的要求,反映到安全性需求中,特别有单点故障造成灾难性事件是不允许的;

CCAR25.672:可直接作为飞机级需求,结合(1)安全性需求;

CCAR25.675:可直接作为系统级需求;

CCAR25.677:可直接作为系统级需求;

CCAR25.679:可直接作为系统级需求,注意可以用其他装置如液压阻力,替代"突风锁";

CCAR25.685:可直接作为系统级需求;

CCAR25.697:可直接作为系统级需求;

CCAR25.699:可直接作为系统级需求;

CCAR25.701:可直接作为系统级需求,系统结构的设计需求;

CCAR25.703:可直接作为系统级需求;

CCAR25.777:可直接作为系统或设备级需求;

CCAR25.779:可直接作为系统或设备级需求;

CCAR25.781:可直接作为设备级需求;

CCAR25.1301:识别并定义系统级需求 SRD(SDD 表明符合性);

CCAR25.1309:b、d 等同(1)安全性需求,c 为飞机级需求;

CCAR25.1310:可作为飞机级需求或系统级需求。

具体的要求参见第 3 章适航规章要求的解读,作为需求中具体的工程数值等需要与具体的型号关联,有些还需要计算和分析。

4.4 满足适航性要求的电传飞行控制系统架构和方法

4.4.1 对设计方法的适航要求

表明符合 CCAR25R4 部适航规章的方法中,有对设计过程和设计方法提出要求的。对设计过程的要求典型的是 ARP4754 和 ARP4754A 等,对系统设计方法的要求,来自于失效‐安全设计理念的目标、原理或方法,在 AC25.1309 中,对系统架构或设计方法做出了约束。

1) 使用与失效有关的基本目标

(1) 在任何系统或子系统内,在任何一个飞行起落期间(从松刹车起至地面减速到停止),不管它的可能性如何,应该假定会有任何单个元件、部件或连接件的失效。上述的单个失效应该不妨碍继续的安全飞行和着陆,或显著降低飞机的性能或机组应付所产生的失效状态的能力。

(2) 在同一个飞行起落期间,还应假定有相继的失效(不管是探测到的或潜伏的)以及它的组合,除非表明它们与最初的失效的联合概率是极不可能的。

2) 为了保证安全设计,失效-安全设计概念采用的设计原理或方法

只使用下面这些原理或方法之一是很难满足要求的。通常需要其中两个或更多个组合以用作失效-安全设计,即保证重大的失效状态是不大可能发生的,而灾难性的失效状态是极不可能发生的。

(1) 设计的完整性和品质,包括寿命的限制值,以保证预定的功能并防止失效;

(2) 多余度或备用系统在单个(或其他规定数目的)失效以后使能继续工作,例如两台(套)或更多台(套)的发动机、液压系统和飞行控制系统等;

(3) 系统、部件和元件的隔离,以便其中一个失效不会引起另一个的失效,隔离也称为独立性;

(4) 被证实的可靠性,以便在同一个飞行起落期间,多重、独立的失效不大可能发生;

(5) 提供检查的失效警告或指示;

(6) 在失效发现以后空勤组采取的措施,按照规定的机组纠正动作使之能继续安全飞行和着陆;

(7) 可检测能力,即检查部件工作状况的能力;

(8) 设计的失效影响限制,包括承受损伤的能力、限制失效对安全效果或影响的能力;

(9) 设计的失效路径,在某种程度上控制和支配失效的影响以限定它的安全效果;

(10) 对任何不确定的或未预见到的不利情况,考虑的安全裕度或安全系数;

(11) 差错-容限,这是在飞机设计、试验、制造、使用和维护期间考虑可预见的差错的不利影响。

4.4.2 满足适航要求的电传飞行控制系统的架构和方法

4.4.2.1 系统功能架构

功能架构,即功能、内部/外部功能接口和物理接口、相关的功能和性能需求以及设计约束按层级进行分布的结果。

能清晰描述系统将做什么的逻辑关系图,由若干个功能流程框图所组成,如图 4-7 所示。

飞行控制系统的功能架构及其控制律的设计是为了控制和稳定飞机,使飞机在整个飞行包线范围内具有令人满意的飞行品质(满足 AC25-7C)。

在方案阶段,控制律工程师要参与飞机气动布局的确定,包括飞行控制面的尺寸、伺服作动器参数、飞机重心位置的变化范围等;与飞机性能专业一起确定飞机的机动能力,如飞机最大迎角、最大机动过载等;提出飞行控制系统的控制律初步方案,初步选择控制律结构。

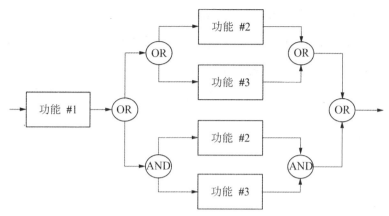

图 4-7 系统功能架构

在工程研制阶段,利用最优化程序和飞机六自由度仿真程序对控制律及其增益进行优化。同时,也要向载荷、结构和气动弹性专业提供数据。提供飞行控制面的偏转角速度作为确定液压系统功率的依据。另外,还要对子系统提出技术要求。

准备数据库,除正常数据外,还应该包括起落架对气动特性的影响、起落架的动态特性,以及结构弹性数据、飞机迎角数据等。进一步修改控制律增益,以全面满足飞机飞行品质要求。在这个阶段,需要飞行模拟器进行大量的驾驶员在环飞行模拟试验,通过评价飞行品质,检验控制律设计的合理性,完善和修改控制律,直至驾驶员满意为止。

4.4.2.2 系统物理架构

电传飞行控制系统架构就是将驾驶员指令(或控制指令)传输到舵面并控制其运动,以满足飞机以预期的方式运动的若干物理设备的有机组合,主要由驾驶舱飞行控制装置、电缆、计算机、总线、作动器控制电子、作动器、传感器、软件等设备和项目组成。

系统架构确立了系统的结构和边界,在该结构和边界范围内,实施具体的设计以满足所建立的需求。其主要工作包括:研究飞机飞行控制舵面的驱动方式,飞机最小可接受控制的配置方式,余度配置和等级、指令信号的完整性和有效性,监控器的设置和设计、接口、安装、维护、显示、信号和(或)部件丧失和(或)错误等对舵面运动功能可能造成的影响,以及确认和验证的方法等。可以考虑多个用于实现设计的物理架构,通过使用功能和性能分析、初步飞机安全性评估(PASA)/初步系统安全性评估(PSSA)和共因分析(CCA)等过程对候选系统架构进行迭代式的评估,以确定在满足分配到系统的功能和顶层安全性需求方面的可行性。同时,还考虑其他一些因素,如技术成熟度、设计实施进度、生产能力、合同义务、经济性、以往经验及行业领先状况等。最后,经过上述的综合权衡确定合适的系统物理架构。

4.5　电传飞行控制系统部件的隔离设计

4.5.1　共模/共区故障

对于由外部事件引起的共模/共区故障或损伤所造成的飞机安全问题,解决方案是系统设计满足系统部件隔离或功能性隔离的需求,包括防止维修人员错误或误操作的安装准则。飞行控制系统的设计和安装需考虑以下问题。

1) 物体碰撞

(1) 转子爆破(发动机和 APU)。

(2) 轮子和轮胎爆破/破碎:

a. 轮面抛出;

b. 轮面松弛;

c. 轮子爆破;

d. 轮胎爆破。

(3) 鸟撞。

(4) 空中碰撞。

(5) 运动设备/部件。

(6) 雨水/冰。

(7) 地面碎片。

2) 电气故障

(1) 线束起火或过热;

(2) 设备或集成盒起火;

(3) 联结器短路或耦合分离;

(4) 线路破皮或破损;

(5) 接地/搭接/防护联结错误;

(6) 飞行试验测试设备不匹配;

(7) 导线交叉。

3) 电源失效

4) 电磁环境

(1) 电磁兼容(EMC);

(2) 高强度辐射场(HIRF);

(3) 电磁干扰(EMI)(内外部);

(4) 抗静电能力;

(5) 单粒子反转。

5) 闪电攻击

(1) 直接效应;

(2) 间接效应。

6) 刹车过热或失效

7) 高压设备破裂

(1) 导管破裂;

(2) 蓄电池破裂。

8) 火

(1) 燃油;

(2) 液压;

(3) 电气;

(4) 厨房;

(5) 货舱;

(6) 驾驶舱和(或)客舱烟气污染。

9) 液压失效

10) 流体污染

11) 发动机和短舱分离

12) 粗暴或不安全的安装和维修活动

(1) 短路;

(2) 糟糕的文档;

(3) 过程更改;

(4) 未归档的更改;

(5) 没有经过培训的人员上岗;

(6) 未检测到的腐蚀;

(7) 手抓或踩踏传输线路。

13) 爆炸物

(1) 客舱区和货物区;

(2) 其他区域。

14) 结构损伤

(1) 快速失压;

(2) 蒙皮破裂;

(3) 隔板失效;

(4) 机翼部件脱落;

(5) 垂危部件脱落;

(6) 水平安定面部件脱落;

(7) 地板坍塌或受压弯曲;

(8) 飞行控制面分离(包括部分分离);

(9) 高升力系统元件失效;

(10) 起落架折叠或分离;

（11）流体存储区受液压动力撞击；

（12）外来物穿透；

（13）后压力隔板失效。

15）化学品溢出

16）氧气和(或)可燃液体泄漏

17）结冰

18）尾部撞击或硬着陆

19）火山灰、沙尘和灰尘

20）燃油冲出

21）雷达天线罩损坏

4.5.2　电传飞行控制系统部件物理隔离设计理念

系统部件隔离的主要目标是使由于共模或共用区故障带来功能损失的可能性最小，并阻止其他系统的失效影响 PFCS 的运行。该设计理念将导致冗余的、包含 LRUs 在内的飞行控制元件需要进行隔离或分离，与这些元件关联的导线和液压线路也需要尽可能地隔离或分离。

在隔离的设计理念下，通常解决共模/共用区故障问题的飞行控制系统或飞机设计方法如下。

（1）飞行控制电子和电气设备安装位于不同的设备间，这样电源的分配和电子控制线路就实现了隔离。飞行控制计算机 PFC 和 ACE 在前后 EE 舱布局并安装在不同的 EE 舱，就可以避免由外部共模事件造成的系统失效引发的关键功能的生存性最大化。这类外部事件主要源头是爆炸或结构损伤，这样的设计将最大可能保持飞机的控制能力。

（2）在同一设备间的所有设备需要适度的物理上的分离，典型的冗余 LRUs 的间隔目标是 6 ft。为实现这样的目标，LRU 内部的导线距离应最小化。

（3）位于驾驶舱里的飞行控制系统设备和导线需要考虑鸟撞和外来物撞击的可能性（与飞机的布局和外形有关）。具体的设计措施包括冗余传感器集的物理隔离以及设备前面的结构加强或防护层设计。防护层的应用主要考虑驾驶舱前舱壁处的传感器组件，典型的是升降舵感知组件或线性可变差动传感器（LVDT）。为最小化鸟撞后结构变形造成脚蹬卡阻的可能性，采用单向弹簧单高跷式设计，当鸟撞碰撞到脚蹬时，让脚蹬倒塌，从而不影响脚蹬的位置传感器 LVDT 的位移输出。

（4）电线和液压管路线在飞机结构上的布局应考虑潜在的共因失效区域的影响，典型的如发动机、轮胎或 APU 的爆破区域、旋转部件所在剖面，有液体污染以及流体泄漏等。飞机导线和液压系统设计应最大可能地进行冗余功能设备之间、与其他系统之间的物理和电器隔离。PFCS 模拟导线隔离包括套筒、护套以及外编织铜线，并以各种鲜艳的颜色以区分飞机的其他导线。同时，冗余的液压管路和飞行控制导线通常需要确定着色方案。

（5）为防止主动冷却的失效，驱动控制、能源装置和飞行控制计算机应设计成能在失去主动冷却的情况下运行，环境温度通常考虑为60℃。采用主动冷却的目的是增强驱动控制的可靠性，并满足维修时维修设备的"触摸"温度要求。

（6）采用液压融合的方法联结副翼有关的能源控制（PCU），以防止单个副翼非正常动作造成双液压能源的丢失。

（7）对于飞行控制系统的数字式元器件，需要测试单粒子反转（中粒子辐射）对功能的影响。在给定的粒子反转率下，系统的冗余和部件的设计需要评估其符合性。PFC和ACE中采用一定数目通道或监视恢复措施以弥补这种"烦人"的影响。

（8）为应对暂时性的液压压力下跌，为选中的PCUs增加检查阀以维持PCU的主动模态。同时，PFC增加"少于最小可接受控制"逻辑，并重置ACE监控门限，以防止任何共因事件驱使多个ACE监视器出现错误。

（9）火山灰造成的皮托管或静压管都堵塞效应，将导致提供给PFC错误的速度和高度数据，并引发方向舵效率的持续变化。为保护方向舵限制，将采用PCU的减压器以提供500 ft雷达高度以上的备份限制。升降舵的减压器通常设置成低压，就火山灰导致的错误大气数据，PFC的正常模态控制律，通过限制和其他手段，设计成可提供可接受的操稳品质。当失去从ADIRS来的大气数据后，飞行控制系统将转换到辅助模式，辅助模式使用副翼数据以实现限制或预调功能。

（10）雷达罩的损坏将影响皮托管和攻角传感器的测量，正常模式控制率设计应能在雷达罩损害造成错误大气数据或攻角数据的情况下，提供可接受的操稳品质。

（11）为防止三套液压系统因外翼的结构损失而失去功能，只有两套液压系统的布局延伸到机翼的极端处（外翼绕流板）。结构上通常采用"撕掉"的设计特征，以最小化损伤的传播。两套液压装置通常在内翼处融合。

（12）三套液压系统都会布局到垂直尾翼上，但有一套采用融合设计以防止垂直尾翼的结构失效造成所有的液压能源失去。采用"撕掉"的设计特征，以最小化损伤的传播。

（13）起落架和刹车只使用两套液压系统，因此只有两套液压驱动靠近主起机轮。采用"撕掉"的设计特征，以最小化损伤的传播。

（14）在轮胎的爆破区域内或者以收上机轮的轴为中心的3 ft圆柱体内，不会布局两套以上的冗余导线/液压管路。

（15）为防止水平安定面的部分损伤或失效，在安定面内侧安装PCUs和系统，每一侧，只布置三套系统中的两套。

（16）对于发动机转子爆破和APU转子爆破保护，采用广延的系统分离措施以及特殊的液压和导线布置。系统将安装到APU爆破影响区外。为发动机爆破的生存性,对其中一套液压系统采用隔离设计。

(17) 采用特殊设计特征处理 HIRF、EMI 和闪电效应。所有的飞行控制系统导线在舱壁和联结处采用双重防护。同时,在 PSA 的底盘采用单点接地的方法,并通过 ACE 底盘让信号接地。PFC 和 ACE 在管脚输入设置了滤波阵列。

(18) 为防止水汽结冰,在导线易集结水汽的区域,PCUs 包含了排水孔和排水规定。

(19) 分析单发失效后的情况。分析时假定与失效发动机有关的液压系统失效,机翼前缘的 ACE 布线也失效,使用该布线缓冲的其他信号也失效。必须保证飞行控制系统仍不低于最小可接受控制的控制能力。

(20) 后压力隔板的设计用于保护对左 ACE 的线路和左液压系统的穿透。另外,在该区域的 ACE 线路用嵌合的不锈钢管进行保护,液压管路采用特殊的 CRES 材料以防止受撞击时泄漏。

(21) 为解决可能的地板坍塌,采用对飞行控制路径的垂直分离方法。可沿龙骨梁和地板支撑梁分别在机身顶部和液压管路布置飞行控制线路。

(22) 两个冗余的模态抑制传感器安装在后走廊下,相互之间分离空间很大。传感器安装在地板支撑梁外侧的机身梁的对边,以最大可能减少地板的坍塌引起的两个传感器的损坏。防止误安装的手段是:

a. 采用非对称的安装板,因此安装板不会倒置;

b. 替代的 ACE 测试验证了电信号连接不会出错;

c. 3 孔非对称传感器安装布局,保证安装板上正确的传感器安装;

d. 在飞机的右侧,安装在地板梁的背面可防止与座椅支撑轨道的干涉,左右传感器数据的不一致可能导致 PFC 失去功能;

e. 安装后的功能测试需要目视的检查,检查传感器是否与地板梁的底部对齐;目视检查验证传感器安装在地板梁的前面一侧,同时连接器指向飞机的右侧。

冗余的导线和液压管路的设计隔离目标一般确定为 6 ft。在机翼和尾翼中,如存在由结构件如机翼主梁隔离的冗余,设计隔离目标值为 2 ft。

为了最小化维修的错误,系统设计中将设置安装部件或导管的机械上的难度,防止安装中导致对硬件的细微修改。还将采用连接器钥匙、程序接插件、S/W 零部件序列号的交叉检查,精确的线束长度。另外,为保证界面的正确连接和正确运行,需要维修后的替代测试和检查。

4.5.3　典型的功能性隔离设计

ACE 作动器控制功能是分布式布局的,以保证任一 ACE 或支持子系统失去功能后仍能够保持对所有轴的最大化控制。

电源分配给 PFC 和 ACE,以提供 L 28VDC 汇流条上最大化的物理和电流隔离,L、C 和 R FC 的 28VDC 电源供应同样提供功能性隔离,以保证任一或任两路电源汇流条失去后仍维持对所有轴的控制。对连接到 ACE 的导线,为每一轴控制采用了分离式缓冲器。这样防止一个轴的 PCUs 上的导线失效影响传播到其他轴上。

在常规构型下，ARINC 629 总线功能分配与电源对准（即对于通信，L 28VDC 或者 PSA 加电的 LRUs 发射到 L ARNIC629 总线）。

尽管所有的 PFC 通道在 3 条 ARNIC 629 总线上侦听，但只有 L PFC 通道能够发射信号到 L ARNIC 629 总线，C PFC 通道发射到 C 总线，R PFC 通道发射到 R 总线，以防止 ARNIC 627 的一个发射机失效破坏了 3 条总线。这样的原理也应用到在飞行控制 ARNIC 总线上的 ACE 和其他 LRU 发射机。容错的 ADIRU 是个例外，其发射的信号可同时到 ARNIC629 的 L 和 R 总线。ADIRU 的分析和测试表明，不存在影响两个总线的不可侦测的共模失效。

PFC 和 ACE 只通过单一的 ARNIC 总线从唯一数据源获取数据，这样保证了在正常情况下的数据隔离。例如，R ACE 通常只从 R PFC 获取数据，L ACE 从 L ACE 获得数据等。

液压系统以同样的原理在一个或两个液压源失去功能后提供最大可能的作动器控制功能。一般来讲，L，C 或 R 飞行控制电子总线加载的电子部件分别控制 L，C 或 R 液压系统加载的驱动部件。对称的一对扰流板总是由同样的液压系统驱动。

4.5.4 非相似性设计

PFCS 设计的许多方面都涉及微处理器和 VLSI ASIC 电路。因微处理器存在很多状态，对设计采用完全的分析和测试以保证没有错误发生是非常困难的。ASICs 通常是状态机，它们是为某种特定的应用而专门设计的，这种设计并没有经过经验的证明。

设计错误将破坏冗余策略，甚至会导致多个计算机通道的关闭。为尽可能减少设计错误的影响，那些在 PFCS 设计中采用的非简单和广泛应用的或没有经过 100%分析和测试过的部件，需要使用非相似冗余设计。这就意味着 PFCS 中可能采用各种非相似的 H/W 组合，非相似的控制/监控功能组合，以及不同的硬件设计团队，不同的部件制造厂家，或者不同的程序编译供应商。

关于非相似性分析和目标，通常假定通过实际采用的设计非相似策略和规划的充分的确认测试，由设计错误引发的共模故障发生的概率是极不可能的。分析和测试的方法概括如下。

1) PFC

(1) 非相似处理器 & 编译器（相同的软件）；

(2) DO‐178 开发过程；

(3) 分析 & 测试。

2) ACE

(1) 非相似监控器和控制功能；

（2）ASIC 开发过程；

（3）分析 & 测试。

3）Inertial Data

（1）非相似 ADIRU/SAARU；

（2）DO－178 开发过程；

（3）分析 & 测试。

4）ARINC 629

（1）开发过程；

（2）分析 & 测试；

（3）绕过 ARINC 629 总线的 ACE 直接模式。

PFC 功能非常复杂，其失效的暴露涵盖所有的飞行组织方式。为最小化设计错误的影响，常常将选择多重非相似设计，如三重非相似处理器设计，L、C、R 3 个 PFC 通道是相同的，用一个零件号识别。每一个通道采用了 3 个非相似微处理器，加载的程序来自同样的软件但非相似的编译器。

ACEs 利用 ASIC 技术采用相似设计。需要非常细致的开发过程以验证这些 ASICs 的功能。另外，可采用隔离的非相似监视和控制功能以侦测故障。

4.6　共模分析

4.6.1　共模分析

共模分析（CMA）是一种定性的分析方法，是为确保功能、系统或组件之间的独立性，以满足安全性要求。

共模分析的主要目的是验证故障树/关联图和马尔科夫分析中的"与"事件的独立性问题。应对破坏独立性的设计、制造、维修差错以及系统部件的失效进行分析，同时，还应考虑功能及其各自的监控的独立性。典型案例是系统架构中（包括与其相关的外部信号）应用了相同的硬件和（或）软件，引起不正常的同属故障。

系统设计者根据安全性评估要求，通过共模分析对独立性原理进行验证，具体方法是参考 SAE ARP 4761 等通过 AFHA－SFHA－PSSA－SSA 予以实现。

共模分析主要关注的是灾难级的失效状态，和更一般的级联的和多重的失效，它们在安全性分析中被作为独立要素进行考虑。

共模失效影响分析就是对那些失效可以同时对多个独立性要素有影响的情况进行分析。

共模分析可以通过危害失效状态（所有或选择）完成。

在安全性活动开始之前，其定义的方法论应获得局方的认可。

典型的共模失效源类型如下：

（1）软件设计错误；

（2）硬件设计错误；

（3）硬件失效；

（4）制造和(或)维修错误；

（5）与强度相关的事件（除非正常的飞行条件、非正常的系统构型等）；

（6）安装错误；

（7）需求错误；

（8）环境因素（如温度、振动、湿度、闪电雷击等）；

（9）内在的危害（除火灾、爆破）；

（10）电磁干扰；

（11）级联故障；

（12）外部共源故障；

（13）技术共模（新技术或供应商的新技术）；

（14）差的制造质量；

（15）维护错误。

……

共模分析的主要目标就是验证能够影响安全性失效状态的那些共模失效：

（1）已经被考虑；

（2）它们的影响已经被降低到可以接受的水平。

4.6.2　共模分析输入条件

一旦发生共模失效，将导致系统灾难的失效影响。

一般的输入条件如下：

（1）系统设计原理；

（2）SFHA/PSSA。

由上述条件可以获得独立性需求和灾难级失效状态的列表，独立性需求指导系统架构中独立性的部件的设计。

例子：

（1）正常功能与应急功能之间没有共模点；

（2）正驾驶与副驾驶之间没有共模点；

（3）控制和监控之间没有共模点。

4.6.3　共模分析的起始时间

当系统 AFHA/SFHA 或 PASA/PSSA 开始之时，共模分析就随之开始（依赖项目成熟度）。

（1）应尽早生成足够的需求以识别共模；

（2）应确保上述需求已被应用，且那些共模已被最小化到可以接受的水平。

4.6.4　共模分析过程概述

4.6.4.1　FHA& 设计准则(设计选择、隔离准则等)

共模分析的基本流程如图 4-8 所示。

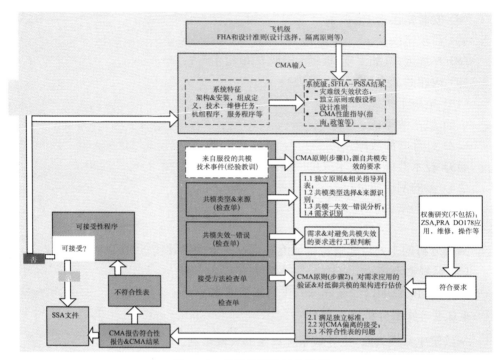

图 4-8　共模分析的基本流程

4.6.4.2　共模分析的过程——CMA 输入

共模分析需要知道与系统特性相关的内容(输入)。

1) 系统的运行和安装

(1) 设计架构和安装计划;

(2) 设备和组成特性;

(3) 维护和试验任务;

(4) 机组程序;

(5) 系统、设备和软件规范;

⋯⋯

2) 在一些地方采取防御措施以消除或减少共模的影响

(1) 差异和屏障;

(2) 试验和预防性的维护项目;

(3) 设计控制和在设计过程中采取预防措施(质量程序、设计评审等);

(4) 对程序或规范的评审;

（5）人员培训；

（6）质量控制。

4.6.4.3　共模分析的过程——检查单

为促进共模定性分析的实现，需要构建几个检查单。

1）共模源和类型的识别

检查单应列出与共模类型相关的共模源。那些潜在不同的和可能的共模类型，可能是：

（1）组成类型，设备类型；

（2）制造或安装；

（3）维护、试验和校准；

（4）其他。

可能的共模源是：

（1）温度范围；

（2）共同的制造；

（3）校准工具；

（4）其他。

2）共模失效-错误识别

检查单应列出所有识别出的共模源，不同的失效模式和错误，主要如下：

（1）使用超过了适用的温度范围；

（2）由于不恰当的员工培训，导致制造错误；

（3）不正确的机床调整；

（4）其他。

3）可接受的识别方法

检查单的目标就是列出所有可接受的可以处理共模失效的不同方法。

4.6.4.4　共模分析的过程——需求偏离

步骤 1.1：独立性需求和相关指导列表（见图 4-8 共模分析基本流程）。

独立性需求的识别，相关的 SFHA/PSSA FCs 或服役经验和为满足独立性需求在设计中构建的独立性原则。

步骤 1.2：共模类型选择和来源识别（见图 4-8 共模分析基本流程）。

对于每个独立原则：

（1）在 CMA 检查单中选择可以削弱独立性原则的潜在共模类型；

（2）调查和识别与所选类型相关的详细共模源，其潜在的失效或错误类型可导致共模。

步骤 1.3：共模失效-错误分析。

对于每个共模源：识别共模失效和错误（使用共模检查单），它们均是被研究的失效模式和错误。

步骤1.4:需求识别。

对于每个潜在的共模失效/错误:问题需求和进行工程判断的目的就是要规避或最小化可接受的共模失效的反复。

步骤2.1:符合独立性需求。

对于每个在步骤1.4中产生的需求(需求识别):收集并接受对需求应用的工程判断。

步骤2.2:CMA等级偏离的可接受性。

共模失效可以被接受的条件主要依赖于:在设计、产品、规范、软件等或先前的经验信任等级期间采用预警措施。CMA分析采用了可接受的检查单方法作为指南。

步骤2.3:不符合清单的问题。

如果共模失效或错误不可接受,可能的方案建议和不符合清单的问题将被执行,为降低风险,应对不符合清单采取追踪措施。

共模分析的过程(输出)做如下论述。

CMA过程的输出是CMA报告:

(1) CMA报告包括符合独立性原则的判断性文件;

(2) 如果还存在不可接受的CMA情况,将发布一个详细而明确的不符合性清单;

(3) 然后,可接受的CMA活动的过程开始启动(CMA独立过程);

(4) 根据工程经验和对安全性的影响进行决策,或者接受共模或者实施更改;

(5) 这些决策过程应被记录以支持CMA报告。

共模分析结果总结包含在SSA、ZSA报告中,人为错误分析(HEA)、可维护性和PRA不属于CMA。但是,它们的验证分析用以验证CMA需求应用满足了共模要求。

4.6.4.5　CMA检查单示例

CMA检查单示例如表4-3所示。

表4-3　CMA检查单示例

序号	阶段和设计	共模类型
1	概念和设计	A:设计架构 B:技术,材料,设备类型 C:规范
2	制造	制造
3	安装、集成和试验	安装和集成
4	运行	A:运行 B:维护
5	环境因素-特殊风险	A:机械的和热的 B:电的和辐射 C:化学的和其他

检查单包含在飞机 CMA 的操作指南中,该指南应根据型号经验不断更新、完善。表 4-4 给出了供参考的共模分析检查单。

表 4-4 共模分析检查单(供参考)

概念和设计→共模类型:架构设计

共模类型源	共模:级联-失效-错误:场景描述	解决共模问题的需求	接受的方法	研究和理由记录
1) 外部共模源 (1) 通风,电的,冷却的,润滑油,空气/液压,数据/信息,重新服役,地面或地球参考点 (2) 其他	(1) 共同的失效源 (2) 共同的回路失效(破裂或堵塞) (3) 有缺陷的接地点(电路开路) (4)电的瞬态	系统内部需求	(1) 表明需求应用 (2) 确定共模源失效不能导致不可接受的结果 (3) 表明其发生的概率是可以忽略的	(1) 系统描述注释 (2) 系统安全性分析 (3) 系统和依赖 SSA's (4) 依赖系统的 CMA (5) 技术规范
2) 内部共模要素 液压和通风管路,网络数据,电子箱,存储(油箱/数据存储器/能源)	共同元素的失效	系统和设备需求	(1) 确定共模源失效不能导致不可接受的结果 (2) 表明其发生的概率是可以被忽略的	(1) 系统描述注释 (2) 系统安全性分析 (3) 设备级/项目级的 CMA
3) 运行特性(正常运行,备份等)	不适当的运行模式,由于相同硬件失效所导致的降级	系统和设备需求	(1) 表明需求应用 (2) 表明设备的多样性	(1) 系统描述注释 (2) 经验
4) 功能依赖 一旦余度部件的失效导致运行特性的改变	级联失效对余度系统的运行影响	系统和设备需求	表明需求应用	(1) 系统描述注释 (2) 系统安全性分析 (3) 依赖系统的安全性分析

SAE ARP 4754 和 ARP 4761"推荐"实施共因分析(CCA)。ARP4761 中定义的 CCA 分为 3 类:区域安全性分析、特殊风险分析和共模分析(CMA)。CCA 和 CMA 在 ARP 4761 的附件 K 中有进一步的定义。CMA(见 K.3 节)提出"通有"软件研制错误、硬件研制错误和其他类型的错误会影响多个部件的冗余性和独立性;同时,该节也提供了一些处理和减缓这些错误的方法。

5 面向适航的电传飞行控制系统验证

5.1 CVV 活动概述

产品开发过程的典型活动是需求(捕获、分析、分配和分解)、架构和设计实现等,为确保需求的完整性、正确性以及设计实现了需求,需要开展一系列的 CVV (certification validation & verification)活动,即需求的确认、需求的验证以及适航取证(适航审定活动),如图 5-1 所示。

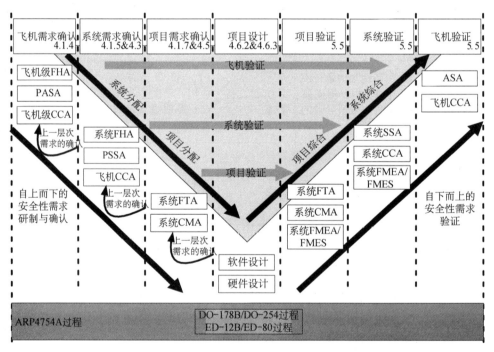

图 5-1 需求确认、验证及适航取证之间的关系

对于民机界典型的主制造商+供应商产品研制模式,主制造商的主要工作在双 V 的上层,即需求、需求的分解和分配,以及系统和飞机的验证;供应商的主要工作

在双 V 的下层,包括对主制造商所提需求的验证,以及所负责工作包开发中的需求分解、分配和设计实现。需求分解到双 V 底部的设计实现,需要在各个需求层级不断地进行需求的确认,代表了设计的成熟度或可行性,从双 V 的底部开始的验证到双 V 的结束,代表了产品开发的成熟度。因此,产品开发中,主制造商对接飞机的用户和市场,更多的任务在飞机级和系统级的需求的确认和系统集成、飞机级的验证,供应商对接主制造商的需求,在主制造商看来为更多的对需求的验证活动,特别是设备级和子系统的验证。主制造商的系统集成能力某种程度上就是需求的捕获、分析和分解的能力。

适航规章的符合性验证(compliance)和双 V 共同构成了 CVV 活动。适航验证活动要求从产品的顶层开始,采用"正向"去规划,而采用自下而上的验证,从系统工程的角度,C 活动应该是双 V 活动的子集或者存在交集。然而也不排除单独的适航验证活动,因为适航验证活动的符合性验证方法是被局方以咨询通报(AC)等要求强制约束的,对于没有足够适航取证经验的制造商,基于某种进度的考虑,先双 V 再 C 活动具备一定的合理性。

5.2　电传飞行控制系统需求确认过程

我们研究的对象是全时、全权限电传飞行控制系统(fly-by-wire, FBW),它是现代民机先进性的重要标志之一,它为提高飞机的性能,改善飞机的飞行品质,减轻驾驶员的工作负荷,增强飞机的安全性、可靠性、维修性以及实现机载分系统的综合控制等,提供了必要的技术手段和工程途径。

目前,FBW 系统向着高度综合的方向不断发展,在获得益处的同时也增加了系统的复杂度,这将导致出现研制错误(需求的确定和设计错误)和不良产品或更大的非预期影响的风险。

传统上用于确定性风险或常规的、非复杂系统的设计和分析方法,已无法向 FBW 系统提供充分的安全性保证。因此,过程保证和确认与验证(validation and verification,V&V)体系组合的研制保证技术已大量应用于 FBW 系统的研制,以确保安全性需求得到满足和把引起失效状态的研制差错降低至可以接受的安全性范围内。

根据民机研制流程标准 SAE ARP4754A《民用飞机与系统研制指南》,需求的确认过程是为了确保所提出的需求是足够正确的、完整的和一致的,且产品能够满足客户、供应商、维护人员、审定局方以及飞机、系统和项目研制人员的需求。对于高度综合的 FBW 系统而言,需求确认是贯穿全部研制周期的一个持续过程,在需求确认的各个阶段,会不断增强对于需求正确性、完整性和一致性的置信度,并最终确保 FBW 系统需求满足适航、客户以及民机制造商要求。

5.2.1　民机 FBW 系统需求确认过程概述

民机 FBW 系统确认过程主要由需求定义、系统确认和问题追溯 3 部分组成,如图 5-2 所示。

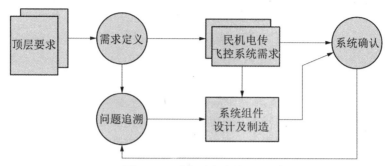

图 5-2　系统需求确认过程

需求定义是对飞机功能及其相关功能需求的确定,包括功能接口和相应的安全性需求,是建立系统架构和开展设计工作的基础。

需求确认是对各种设备、子系统和系统需求的确认活动,确保产品开发"做对的事情"。

问题追溯为需求定义和系统设计及实现提供闭环反馈,为系统需求、确认活动和确认状态之间的关系提供追溯。

5.2.2　民机 FBW 系统需求定义和确认

需求定义是一个不断细化和反复迭代的过程,主要包括需求定义、文档形成、确认和批准。

1) 需求定义

需求定义采用自上而下的方法,由顶层需求定义主要设计,再进一步到底层需求和设计,主要是通过权衡研究和技术协调完成。

民机 FBW 系统架构权衡研究如图 5-3 所示。应将公司的要求、FAA 的要求、EASA 的要求、客户要求、其他项目上的经验等作为设计要求和目标。系统的候选架构应满足设计要求和目标,将可靠性、成本、重量、气动外形等作为架构选择的权衡要素进行研究。如放宽静稳定性可以减轻飞机重量和减小飞行阻力,但这一要求需要容易实现俯仰增稳的电传飞控系统作为其实现的平台;结构重量也是采用电传飞控系统的优点;通过权衡研究比较机械系统和电传飞控系统的可靠性是相当的;

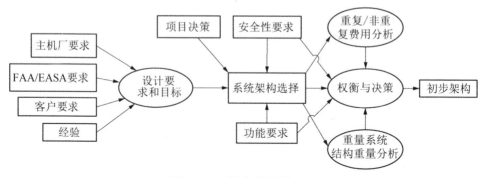

图 5-3　系统架构研制过程

某些 FBW 系统架构比已选择的架构更轻,但是因可靠性低而没有选择;权衡研究的最终结果是一个满足设计要求和目标,并在成本、重量、可靠性和安全性等方面最合适的初步架构。

在定义了飞机需求并选定了系统的初步架构之后,进一步定义下一级系统和部件需求(见图 5-3)。继续进行权衡分析和技术协调,分配各个 LRU 的功能要求和性能要求,定义相应的详细要求以确保满足上层需求。

2) 文档形成

根据需求定义,形成了 FBW 系统的要求和目标文件,该文件涵盖了 FBW 系统的设计理念、定义、设计要求、目标以及设计决策等,阐述了系统的功能、性能、可用性、安全性、隔离、机组操作和维护等信息。

3) 需求确认

需求确认主要是通过追溯、工程评审、分析、仿真和试验等系统确认活动完成,将确认过程中的系统问题不断地反馈,以保证需求的正确性、完整性和一致性,如图 5-4 所示。在系统后期实施阶段,需求确认和系统验证是交替进行的。在大部分硬件和软件可用之前,应完成所有需求的确认,并将其作为详细设计的重要输入。

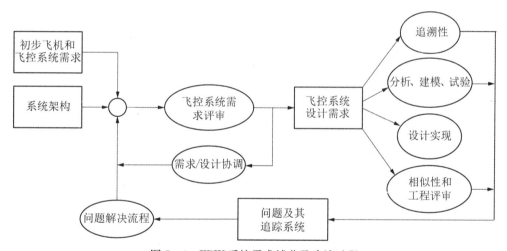

图 5-4　FBW 系统需求捕获及确认过程

(1) 追溯性。

追溯性是较低层级需求与较高层级需求之间所建立的满足关系。在设计决策或设计细节中,有时会增加额外的需求,从而需要获得相应的依据,有些底层需求不能追溯到上一层需求(如衍生需求),这些需求可通过相应的依据来证明其有效性。

(2) 工程评审。

型号早期阶段评审主要是需求的确认。正式评审活动有系统设计评审(SDR)、系统初步设计评审(PDR)和系统关键设计评审(CDR)。应邀请航空公司、适航当局、制造商、供应商、其他项目的同行、与 FBW 系统相关的飞机/系统接口等经验丰富的人员参加评审。评审工作主要从工程、运行、设备及客户等方面对定义需求的正确性和完整性做进一步的详细评估，并对其中的问题给出反馈建议，同时，后期的任何更改也应进行此类评审。

初期的系统设计评审(SDR)主要集中在系统的总体要求、系统架构、基本设计及项目研制计划。初步设计评审(PDR)提出详细的系统需求和设计思路，并表明在系统确认初始阶段如何证明设计是满足需求的。关键设计评审(CDR)涵盖了从初步设计评审到最终系统评审的所有更改，包括组件的维修性和易达性等。在每个阶段的评审中，都应包含对各个系统性能和安全性分析状态的评审。

(3) 分析。

分析的主要目的是为规避项目后期需求更改所可能产生的高昂费用和进度等方面的风险。该过程主要包括功能危险性评估、安全性分析、性能分析、接口分析和公差分析等，以保证需求的正确性。

FBW 系统的性能分析是为了确认在正常和失效条件下伺服回路和系统的稳定性等相关的需求，包括公差对系统的影响。通过对系统总的累计公差的分析，以确认组件公差需求的合理性和可行性。在项目早期阶段，通过失效及安全性分析，确认与系统安全性相关的需求。功能危险性评估主要是分析潜在的、可能导致系统失效的危险性事件，以便在设计中采取相应的措施加以规避或减缓。系统电气接口分析主要是评估系统电气接口相关软硬件对闪电和高能磁场的兼容性，以确保系统内的信号与 LRU 危险等级相一致。

(4) 仿真。

仿真主要用于确认与控制律相关的需求，以及在不同的操作条件下，从驾驶舱输入到舵面响应整个系统的性能，如稳定性、准确性和快速性等。余度管理仿真确认系统在异步和多余度工作情况下，对系统的影响等相关的需求，包括故障探测、隔离及瞬态抑制等。通过工程模拟器确认系统的操纵品质、人机接口及在正常和失效条件下系统操作等需求。

另外，利用三维软件(如 CATIA、UG 等)将系统中的部件按协调好的位置装配在电子样机中进行仿真分析，以确认相关的需求，主要包括维护性、易达性、与其他设备间可能的相互影响评估等。

(5) 试验。

在项目早期，针对新研发的产品应采用各种已有的试验台和试验手段对与其相关的需求进行确认。如 B777 飞机飞控计算机和作动器控制电子均是航线可替换单元且都是新研发的设备，在项目初始阶段都在试验台上进行了试验分析，用于 B777 上的新作动器在 B757"铁鸟"台上进行了试验，以对其需求进行确认；对 B757 做了专门的适应性更改，以实现对 B777 控制律和驾驶员人机接口需求的确认；利用验证机的飞行试验确认许多系统性能和操纵品质方面的相关需求，包括阵风抑制和推力非对称补偿等新颖特征。

4) 需求批准

FBW 系统的初步设计需求和目标由飞控部及与其系统相关的气动、液压、电源、航电等外部部门共同批准。同时,该文件的后期更改应进行控制。

系统设计需求与目标是系统性能、安全性、维护性和系统功能等项目设计的主要需求来源。

5.2.3　民机 FBW 系统需求确认的实施

系统需求确认工作就是要确保按需求设计的系统能满足设计需求和目标文件中所定义的功能、性能和安全性等方面的要求,确认应考虑设计评审和分析、FBW系统参与的飞机级的确认活动以及供应商的验证活动等,如图 5 - 5 所示。

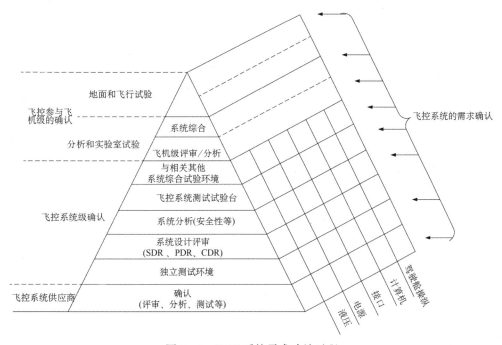

图 5 - 5　FBW 系统需求确认过程

1) 系统需求的确认

确认所构建的系统满足系统设计需求与目标,确认活动就是将每一条需求严格地对应到合适的确认方法(如试验和分析方法),将所有的确认内容形成确认矩阵的正式文档,且该文档应被批准和存档。

确认的方法和手段主要有正式设计评审、专门评审和分析、供应商验证管理、各阶段验证方法和试验等验证手段,验证按照需求设计的系统是否满足设计需求和目标,是否满足顶层安全性要求等。

(1) 转阶段设计评审。

转阶段设计评审是需求确认过程和系统确认过程的一部分。电传飞控系统和组件的设计需求进行系统顶层设计评审(SDR)、初步设计评审(PDR)和关键设计评审(CDR),在系统开发的主要转阶段节点上表明系统如何满足相应的需求,并开展相应的构型管控。同时,作为供应商验证过程一部分的部件级评审也相应进行。

(2) 专题的设计评审和分析。

对系统的功能性及性能需求进行确认,分析系统内接口定义和系统间接口定义,包括信号定义、信号内容、域特征、传输频率、延迟和故障模式等。

系统接口分析是确认飞机内部系统信号的兼容性,包括接口控制文件定义的信号名称、刷新率、范围和分辨率等。

(3) 支持飞机级需求确认的系统需求确认。

飞机级的需求确认包括飞机级需求的评审和分析、综合实验室试验和飞行试验。FBW 系统直接参与飞机级的需求确认,为系统提供了精确的和即时的确认。

(4) 供应商验证活动的管理。

供应商完成系统部件或子系统的设计评审、分析和试验,以验证部件或子系统的设计满足详细设计要求,同时,对 FBW 系统的需求确认提供支持。

2) 确认方法及实施阶段

通过确认方法确保对需求的符合性。这些方法主要由初步试验("铁鸟"试验、机上地面试验和飞行试验等)和分析(稳定性分析、安全性分析、静态分析和误差分析等)所组成,根据不同的研发阶段(分为飞机级、系统级、子系统级、设备级和部件级试验)、效费和难易度等对每项详细要求选择最适合的方法以证明系统对设计要求的符合性。

(1) 试验。

为提供必需的试验验证手段,可能需采用多种综合实验室的试验设施。FBW 系统试验过程如图 5-6 所示,在独立的试验台上对 LRU 需求进行充分的确认;系统级综合试验分别在"铁鸟"台、系统综合试验台和工程模拟器上完成。

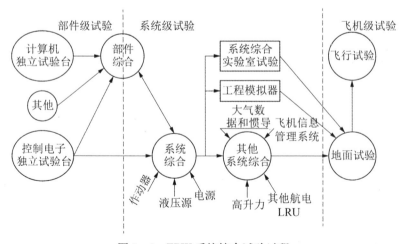

图 5-6　FBW 系统综合试验过程

　　FBW系统"铁鸟"试验台主要用于飞控和液压系统试验验证及有限的对飞机需求的确认。该试验台由FBW系统、舵面、液压系统、电源及其他对实现系统功能较为关键的飞机LRU所组成。

　　系统综合试验台和工程模拟器主要用于对飞机级的FBW系统需求进行确认。系统综合试验台由所有与FBW系统有关的航电系统的LRU、完整的电源系统和驾驶舱显示和控制部件所组成;工程模拟器用于飞行员评估飞机操纵品质和系统的可操纵性,由所有的视觉系统和对飞行员操作比较关键的LRU组成。飞机级综合试验在试飞机地面试验和飞行试验中完成。

　　当某组件更换后,需要在独立的试验台上完成其与接收时同样的测试程序,然后在综合试验台上完成综合测试,并在飞机上完成最终试验,形成试验分析报告、试验总结和正式文件。

　　(2) 分析。

　　确认分析分为三类:性能、可用性和安全性。性能分析用于评估在典型环境容限和失效条件下系统的性能和操作,采用线性和非线性时域/频域建模和多种仿真方法。可用性分析主要是静态分析,用于评估系统能满足非安全性需求的能力。安全性分析主要是表明在正常和非正常操作条件下系统都能提供必需的安全等级。

　　(3) 支持系统的分析和试验。

　　有些分析和试验被分配到FBW系统以外的部门进行确认,这些被其他部门确认的需求应能支持FBW系统对其自身需求的确认,如液压系统、电源系统等。

　　(4) 其他。

　　还有其他一些对系统需求的确认有较小影响的方法,如检查、相似性以及供应商的试验和分析。

　　3) 需求分解和分配

　　在确认过程中,应对在一个或多个确认阶段需开展的确认工作分配相应的需求,并将其落实到具体负责的工作团队,同时,将分组的需求进行文档管理,例如,对特定功能的所有需求放入一个测试文档中进行管理,这个活动的输出是确认符合性矩阵,如图5-7所示。

　　(1) 试验。

　　试验应是表明需求符合性最理想的方法。采用的试验方法是基于其他系统影响的评估和(或)飞机环境对需要精确控制和监控系统响应的试验结果应是匹配进行选择的。如系统内余度管理最好在独立的试验台上进行评估,而在丧失单发状态下评估系统降级操作(包括飞行员的反应)对飞机要求的评估应在飞行模拟器或试飞试验中进行。

　　(2) 分析。

　　由于受项目经费和时间的限制,有些不能通过试验证明的需求,就需要通过分析方法来完成。如基于系统余度等级和期望的部件故障率,分析系统性能、可靠性

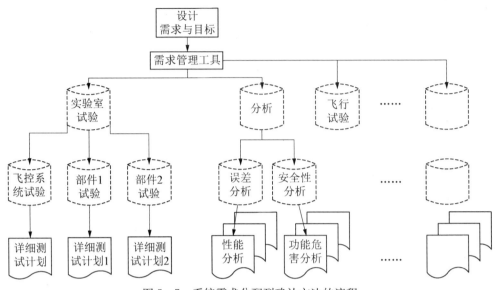

图 5-7　系统需求分配到确认方法的流程

和安全性预估。分析常用于减少那些需要通过确定关键试验条件才能确认的需求试验范围。也用于一些太危险而不能采用飞行试验等进行需求验证的项目。

（3）检查。

为充分表明安装或文件的评审对需求的符合性，可采用检查的确认方法。

（4）相似性。

当系统实现是相同的或与早前系统是可比较的，且早前其已被证明满足性能和可靠性特性时，相似性可作为一种确认方法。相似性永远不能作为单独的确认方法。通过证明早前的实现满足当前系统需求的分析或试验以支持相似性的确认方法。

（5）供应商的试验和分析。

供应商完成大量的试验和分析工作以验证其设计满足规范和图纸的要求，该方法可用于确认系统需求和目标与规范和图纸的共同需求。为采用该确认方法，要求系统需求和目标与规范和图纸之间的追溯路径必须清晰。

支持系统分析和试验：该方法用于那些对系统有影响，却已超出飞控组织责任范围的需求的确认，这些需求已被分解到各自的系统需求和目标中，并通过相关人员进行确认。

4）覆盖率和可追溯性

通过将设计需求和目标中的每条需求都分配到一个或多个确认活动中，以确保确认覆盖率是完整的。完整的系统覆盖率是通过的每条开发需求都具有一定的严酷度等级。通过委任工程代表批准确认文件，确保相应需求的确认活动是可接受的和完整的，完成的确认文件应归档，当需要时可以查阅。不符合的需求将通过严格的反馈程序进行管理,决定是否更改系统。需求管理工具用于追溯需求分配确认活动、校核确认过程的完整性等,提供了严格的确认覆盖率和可追溯性、构型控制、确认文件和问题报告等。

5）需求管理工具

通过需求管理工具保存符合性的条件和结果,从中可获取设计需求、顶层安全性事件、适航计划和相关的验证数据等。

6）系统需求确认对全机需求确认的支持

系统确认活动的目的是确认系统满足操纵、性能和安全性等方面的飞机级需求,并支持不同飞行构型下其他系统的要求。

飞机级确认包括各种飞机级评审和分析、飞机级综合实验室试验和飞行试验。飞控系统直接参与飞机级确认。同时,为系统确认过程提供准确和及时的反馈。

（1）设计评审。

对共因故障进行飞机级评审,包括特殊风险分析,如转子爆破、轮胎爆破、鸟撞和坠撞,区域安全性分析和共模分析等。这些评审主要是考虑组件、导线、液压隔离;通过电子样机检查飞控系统的详细安装情况。由可靠性、驾驶舱、试飞员、客户服务和维修培训代表等组成的评审组对各种机组告警信息和部件维修信息进行评审。

（2）分析。

完成电源中断和上电分析以确保飞控系统对电源变化的反应是可预测且可接受的,包括地面热启动、冷启动、机内自检测、飞行中电源瞬态和飞行后的关断电源等。

另外,就是对潜伏性故障的分析,其目的就是确定系统的失效会否传播到另外一个系统,并对其影响进行评估(包含单个和多个失效的影响)。通过选择实验室和飞机的失效试验来支持分析结果。

（3）飞机级试验。

试验平台确认用于 FBW 系统对最终的飞行硬件和软件需求的确认,包括"铁鸟"台、系统综合试验台、工程模拟器和飞行试验机。

系统综合试验台包含了系统大部分的 LRU 和电源系统,不包含液压系统和作动系统,其主要用于确认整个飞机内部系统间的运行是否满足相关要求。在该试验台上可以确认 LRU 的失效对 FBW 系统的影响。

工程模拟器使用了飞行员界面相关的硬件,可进行相关操纵品质、机组程序、系统响应及通告等进行评估,包括风切变条件下系统的性能,飞行中无法实现的或者太危险而不能在飞机上完成的试验。

飞机地面和飞行试验为最终飞机系统综合、飞行员操纵品质评估、操作影响和故障影响确认,如在各种影响飞行员操纵品质的故障条件下进行试飞,包括单发和双发停车、单套和两套液压系统丧失、发电机故障及各种备份模式。

在民机研制过程中,系统需求的确认工作是一项非常庞杂的系统工程,其贯穿整个系统的研制过程,该项工作对系统的研制将有直接的影响。

5.3　电传飞行控制系统的典型试验规划(V&V活动中试验)

5.3.1　设备级测试

所有的飞行控制设备都需要完成适航的设备鉴定测试和分析,通常适航的设备鉴定测试包含了设备接受程序 ATP 的内容或设备验证的有关试验。在电传飞行控制系统进行 TIA 之前,主要设备的鉴定测试应完成。TIA 前完成的主要设备测试鉴定内容如下。

(1) 各设备独自的功能、性能测试;

(2) 温度、高度、湿度;

(3) 随机振动;

(4) 电源和液压源的瞬变和降级效应;

(5) 静力测试(限制载荷和极限载荷);

(6) 25%的耐久性;

(7) 液压设备的冲击测试;

(8) 输入功率限制和功率瞬变;

(9) 多脉冲闪电效应-只检查单粒子反转;

(10) EMI 敏感度和辐射。

5.3.2　集成试验测试

通常在实验室利用集成测试平台(integrated test vehicle, ITV)或工程模拟器,尽可能地完成集成的电传飞行控制系统的需求确认。在包括正常运行和不同失效状况下,对于主飞行控制系统满足各种飞行运行体制的确认将通过 ITV 实施。

ITV 测试要求使用真实的飞控电子(FCE),而许多测试用例也使用真实的作动器和液压系统完成。当考虑人机界面或飞行员进入测试时,操纵器件和力感系统是真实的,其他试验台架上的飞行员操纵器件等可用模拟的。至于飞控软件,根据试验需要可以设置许多版本,但一些重要的测试应该使用与取证构型近似的软件版本。

在 ITV 上开展的主要试验项目有:

(1) 包线保护,包括包线保护功能、包线保护功能可用性、倾斜角;

(2) 直接模式及该模式下俯仰增强功能;

(3) 飞行员的通用操作;

(4) 飞行最小可操纵面(MAC);

(5) 飞行控制信息;

(6) 飞行控制模式及转换;

(7) 俯仰控制——升降舵反应;

（8）俯仰控制——操纵杆力数据获取；

（9）俯仰控制操纵杆力敏感度测试；

（10）俯仰控制舵面作动器失效；

（11）俯仰控制舵面作动器限制；

（12）俯仰控制飞行员指令输入；

（13）俯仰控制水平安定面控制；

（14）俯仰控制水平安定面限制；

（15）俯仰控制水平安定面作动器失效；

（16）俯仰控制水平安定面控制反应；

（17）俯仰控制水平安定面切断特性；

（18）俯仰控制水平安定面配平；

（19）滚转控制副翼作动器非正常模式反应；

（20）滚转控制副翼作动器反应；

（21）滚转控制襟翼作动器失效；

（22）滚转控制襟翼作动器限制；

（23）滚转控制襟翼作动器反应；

（24）滚转控制在高升力状态下的襟翼和副翼反应；

（25）滚转控制副翼作动器限制；

（26）滚转控制飞行员指令输入；

（27）刹车和扰流片工作——下垂精度需求；

（28）刹车和扰流片工作——下垂精度；

（29）刹车和扰流片工作——作动器反应；

（30）刹车和扰流片工作——自动收放；

（31）刹车和扰流片失效；

（32）刹车和扰流片工作——地面反应；

（33）刹车非作动器失效；

（34）偏航控制——方向舵直接模式监控；

（35）俯仰控制——驾驶杆切断监控；

（36）结构保护——力平衡；

（37）瞬态操纵面失效的操纵品质；

（38）偏航控制——飞行员指令输入；

（39）偏航控制——降低方向舵权限；

（40）偏航控制——方向舵作动器反应；

（41）偏航控制——方向舵配平；

（42）偏航控制——方向舵配平指示；

（43）偏航控制——方向舵配平开关监控；

（44）飞控控制功能力纷争监控；

（45）飞控控制功能软件回归分析；

（46）偏航控制——方向舵配平正常模式监控；

（47）方向舵指令限制；

（48）飞控控制功能振荡监控；

（49）飞控计算机通道跟踪；

（50）扰流片分解器偏差监控；

（51）控制律性能；

（52）控制律高迎角性能；

（53）失效情况控制律性能；

（54）横向控制面配置；

（55）扰流片破升功能；

（56）倾斜角保护功能；

（57）刹车运用；

（58）着陆高度修正；

（59）横向阵风抑制功能；

（60）横航向直接模式；

（61）横航向和俯仰陷波滤波器性能；

（62）横航向时间延迟和相位延迟；

（63）失速保护功能；

（64）超速保护功能；

（65）俯仰轴空地信号转换；

（66）垂向阵风抑制；

（67）纵向时间延迟和相位延迟；

（68）纵向直接模式；

（69）纵向辅助模式；

（70）其他。

5.3.3　系统集成测试

还可利用 ITV 或工程模拟器完成电传操纵系统与其他系统间的集成测试,在这种测试里,尽量选用真实的系统和接近取证构型的软件版本实施,这些测试工作大多数在首飞前完成。应编制较为详细的测试程序,以完成如下的测试工作。

（1）电源品质测试(首飞前)；

（2）飞控系统联试(首飞前)；

（3）双重非相似失效测试(首飞前)；

（4）发动机失效(首飞前)；

（5）大气数据系统故障；

（6）单个飞控电子(FCE)柜失效；

（7）多个飞控电子(FCE)柜失效；

（8）FCE 柜中部分模块失效(首飞前)；

（9）空地信号失效(首飞前)；

（10）大气数据失效/攻角信号失效(首飞前)；

……

5.3.4　原型机上的测试

通常在数架原型机上开展多项飞行试验,以确认电传操纵系统的功能性需求。主要的试飞科目如下(一般民机可选装多型发动机)：

（1）带不同发动机的地面最小操纵速度；

（2）带不同发动机的空中最小操纵速度；

（3）带不同发动机的失速特性研究；

（4）带不同发动机的失速特性；

（5）带不同发动机的飞机纵向操纵；

（6）带不同发动机的飞机横向操纵；

（7）带不同发动机的飞机航向操纵；

（8）带不同发动机的飞机机动特性；

（9）带不同发动机的飞机纵向静稳定性；

（10）带不同发动机的飞机横向静稳定性；

（11）带不同发动机的飞机横航向静稳定性；

（12）带不同发动机的反推控制；

（13）带不同发动机的配平特性；

（14）带不同发动机的高速特性；

（15）带不同发动机的侧风起飞和着陆特性；

（16）人工冰型飞行试验；

（17）构型偏离清单(CDL)；

（18）电传飞行控制系统模拟失效飞行试验；

……

5.4　适航验证活动

适航验证活动(compliance)就是产生对适航规章要求的符合性验证数据或生成相关资料的活动。通常将符合性验证活动分为 4 类,从局方的观点来看它们分别是：

（1）工程试验；

（2）工程检查(如飞机客舱内部检查)；

（3）分析；

（4）飞行试验。

站在制造商的角度，更喜欢从产品开发过程谈相关的活动，因此对上述验证性活动，通常的分类是：

（1）设计评估；

（2）分析；

（3）工程试验；

（4）飞行试验；

（5）供应商验证活动；

（6）制造商验证活动。

适航审查双方的实质性接口是申请人提交的经申明的符合性资料，在申请人提交的符合性证据或资料基础上，局方判定适航规章的符合性，而在申请人的符合性验证活动中，局方是选择性介入，介入的方式是批准试验大纲、目击试验等。因此，按业界工作习惯和已有的工程经验，设计了表明适航符合性的 10 种方法，为统一申请人和适航审查双方的认识和信息交流，为统一申请人和适航审查双方的认识和信息交流，设计了表明适航符合性的 10 种方法，如表 5-1 所示

表 5-1　符合性方法定义

代码	名称	使用说明
MOC0	符合性声明	通常在符合性检查单、符合性记录文件中直接给出
MOC1	设计说明	技术说明、安装图纸、计算方法、证明方案、各类飞机手册等
MOC2	分析和计算	载荷、静强度和疲劳强度、性能、统计数据分析，与其他型号的相似性
MOC3	安全性评估	飞控系统初步风险分析、故障树分析、失效模式影响和危险性分析、软件质量计划等（用于规定安全目标和演示已经达到这些目标的文件）
MOC4	实验室试验	在真实的飞控系统和其他能真实反映机上的工作环境下，通过试验（主要是故障试验），验证飞控系统的设计满足相关适航条款或适航专用条件的要求
MOC5	地面试验	通过机上功能试验，验证飞控系统的设计满足相关适航条款或适航专用条件的要求
MOC6	飞行试验	对于飞控系统适用的适航条款或专用条件，在规章明确要求时，或用其他方法无法完全演示符合性时采用
MOC7	航空器检查	如系统的检查隔离、检查和维修的规定等
MOC8	模拟器试验	通过在工程模拟器上进行飞控系统试验，验证飞控系统控制律设计符合适航要求，评估飞控系统故障对飞机的影响，确认飞控系统 FHA 中定义的故障等级，并为试飞风险科目提供支持，验证《飞行手册》中应急程序的可用性
MOC9	设备合格鉴定	如对预期功能的适合性，在临界环境中的性能等（可能被记录于设计和性能声明中）

所有的适航验证活动将在 CP(compliance planning)中进行规划。对于电传飞行控制系统,下面几节将表述适航验证中主要的设计评审、试验等活动内容。

5.4.1　设计评审

5.4.1.1　舵面卡阻评审

第 25.671(c)(3)条明确提出了设计中应考虑的操纵器件卡阻要求,这种要求是一种定性的要求。尽管在电传飞控系统的需求和设计实现中,制造商通常采取措施防止卡阻出现,但是必须证明出现卡阻是极不可能的。工程实践中,往往将出现特定的设计不能够保证卡阻是极不可能的,或者充分证明是极不可能的,所以会采用卡阻后的减缓措施,以保证即使有卡阻的出现,飞机也能继续安全飞行和着陆。

常采用的卡阻减缓方法有局部的结构失效,或者采用剪切,或过载匹配的载荷减少装置等。设计评估通常由制造商的飞控系统、结构工程师及有关供应商做出初步评估,然后进行有局方人员参加的正式评估,评估的对象为电传操纵系统,包括升降舵、方向舵、副翼、襟翼及扰流板的作动器设计(图纸和实物)或(和)剪切装置等(图纸和实物)。

5.4.1.2　区域/隔离措施的评审

设计评审的目的是确保系统的安装设计满足部件隔离的需求。隔离的需求保证了类似轮胎失效和非包容性转子爆破等事件造成飞控功能的完全丧失,通常采用高真实度的数字样机按区域分区进行,重点检查液压导管和电气连结线。由于受飞机物理空间限制,如果发现隔离需求不能得到满足,应记录所有影响飞控电气连接线的偏离,这种偏离还可以通过机上的安全性工程评审来解决。

5.4.1.3　安装和标识的评审

对于飞控系统安装的评审是保证对第 25.611、25.671(b)、25.685(a)(b)(c)条的符合性,即:

(1) 检查、更换零件和润滑的可达性;

(2) 标识以防止装配错误;

(3) 防止 FOD 进入驾驶舱;

(4) 防止卡阻、摩擦、干扰。

按 MSG-3 和 CMR 维修任务要求,提供可达性和合适的检查任务支持。

对于飞行员操纵器件,主要的措施为:

(1) 装配销孔;

(2) 驾驶杆扭力管的特征检视法;

(3) 侧向力感杆的特征检视法;

(4) 方向舵脚蹬主轴检视法。

为正常更换或调整零件提供手段。适用的零件通常包括:

(1) 手轮、操纵台和方向舵配平的开关;

(2) 力传感器;

（3）位置传感器；

（4）方向舵配平和升降舵力感作动器以及推杆器；

（5）操纵台模块。

识别潜在的卡阻的设计特征如下：

（1）留有维修人员放置物件的位置；

（2）可以让器件直接落入到有害位置的区域；

（3）紧固件扭出导致超出正常运行范围的操纵卡阻；

（4）不能排水的区域，可能积聚水汽结冰导致卡阻或者其他部件损伤。

具备上述特征的一些典型的操纵器件为：

（1）方向舵盖板；

（2）驾驶杆灰尘封条；

（3）槽封垫条；

（4）驾驶杆扭力管 FOD 盖板；

（5）脚蹬 FOD 挡板。

临近操纵器件区域的部件，应保证在飞机的动态飞行环境下不碰撞操纵器件，并且在运动部件或系统运行时互相不能碰撞。

5.4.2　分析

5.4.2.1　安全性分析

安全性分析的目的是评估飞控系统的设计对安全性需求的符合性。安全性分析中应包含细节的符合性判定、对事件的准确描述以及数量分析结论（概率的计算），也包括安全性分析中某些假设的试验验证等信息，最后用 SSA 等材料证明对规章的符合性。

5.4.2.2　电传飞行控制系统的性能分析

性能分析的目的是按预期的运行模式和条件，电传操纵系统能够在整个飞行包线范围内实现预期的功能。这也是适航规章第 25.1301 条的要求和符合性。性能分析将重点关注稳定性裕度、操纵容差、功能性反应、机动控制和实际的时间延迟，振荡失效的解决措施以及作动器监控的设计方法、力纷争疲劳监控等。

5.4.2.3　飞机级的分析

飞机级的分析是选择几个关键的飞机级功能，并分析这些功能集成后的行为和性能。选择的功能将涉及多个 LRUs 和子系统，也涉及与全机布置资源之间的界面处理。飞机级分析是一种自上而下的需求确认，是从正常运行条件及全功能运行的角度来实施的，因此，这些分析将确认飞机能够在正常运行条件下运行，使用的通用方法如下：

（1）识别出飞机级功能，以及飞机级功能派生的或分解的系统级功能；

（2）确认系统的架构实现了飞机级分配的和系统级分配的功能；

（3）确保飞机级功能和系统级功能被合适地验证和确认。

参与飞机级分析的典型电传飞行控制系统功能为空中操纵和控制飞机、地面操纵和控制飞机以及结构完整性。

5.4.3　试验

5.4.3.1　全姿态的模拟机或 ITV 试验

模拟非常规和极限姿态下的飞机操纵特性,同时考察全姿态下飞行控制与驾驶舱显示之间的协调性,可以邀请飞行员参与。全姿态包括横滚、±90°俯仰机动,验证显示和飞行控制中的奇点或非连续性。在这样的试验中,通常将失去自动飞行功能。

5.4.3.2　飞控系统失效条件的演示

通常利用工程模拟机演示飞控系统的失效条件,这些失效条件比正常运行涉及更高的风险。试验主要完成某些特定飞控系统失效条件下飞机的操纵性和操纵品质,以证明在真实飞机上无法验证的功能的正确运行和具备的性能。演示的科目和内容将在相关的符合性验证活动计划(CP)中规划。

典型的演示科目有:

(1) 反应式风切变警告系统(起飞);

(2) 反应式风切变警告系统(近进);

(3) HOSP(hardened overspeed protection),阵风颠倾;

(4) HOSP,无意的操纵器件移动;

(5) HOSP,俯冲;

(6) HOSP,临近 V_d/Ma 的横向操纵;

(7) 推力控制故障适应(TCMA)(起飞);

(8) 推力控制故障适应(TCMA)(中断起飞);

(9) 推力控制故障适应(TCMA)(着陆);

(10) 推力控制故障适应(TCMA)(复飞);

(11) 驾驶杆卡阻;

(12) 脚蹬卡阻;

……

5.4.3.3　飞机飞行试验

通过安全性分析数据,可以得到需要飞行试验确认的系列工况。需飞行试验确认的工况主要是与监视、瞬态效应、结构需求、系统重构或驾驶操纵品质显著相关的单部件失效条件,这些失效可以通过 FMEA 评估获得;也包括不是极不可能的单个部件失效的组合条件,这些组合条件用于确认分析的假设,或验证最小的操纵可接受水平。有些工况派生于服役中的事故或事故征候报告。

典型的通过飞行试验验证的电传操纵系统失效条件及操纵品质要求如下:

(1) 直接模式运行,操纵品质要求为"合适的";

(2) 失去一个飞控计算机,操纵品质要求为"满意的";

（3）辅助模式运行，操纵品质要求为"合适的"；

（4）襟翼非对称，操纵品质要求为"合适的"；

（5）前缘襟翼非对称，操纵品质要求为"合适的"；

（6）内侧扰流片急偏，操纵品质要求为"合适的"；

（7）单个液压系统失去，操纵品质要求为"满意的"；

（8）双液压系统失去，操纵品质要求为"合适的"；

（9）放 RAT 运行，操纵品质要求为"合适的"；

（10）失去所有的雷达高度信息，操纵品质要求为"合适的"；

……

对于电传飞行控制系统功能正常（非故障情况下）的适航验证飞行试验，需要验证的科目与第 5.3.4 条确认活动中的科目基本一致，具体科目在 CP 中进行规划，只不过适航验证的要求高于或等于确认活动的要求，适航验证必须按照 AC25 - 7C 中规定的符合性方法进行飞行试验和修正有关的飞行试验数据。

6 电传飞行控制系统研制中的典型适航关注问题

6.1 概述

从宏观的角度，电传飞行控制系统的开发方法和开发过程与其他系统没有本质上的差异，适航要求和对适航规章的符合性方法非常清晰，规划一个较为完整的符合性验证活动，并提供相应的试验项目计划也是容易实现的。但在实践中，电传飞行控制系统的开发往往遭遇较大的困难，包括控制律的开发、系统架构的开发和软件的开发，需要非常复杂的技术和烦琐的工作。据统计，国外新型号飞机一个好的控制律开发需要 50 人的团队工作 3 年多才能完成，需要上百人的团队数年的工作确定架构并完成 CVV 活动，更需要各种模拟器、"铁鸟"台甚至飞机作为开发中的支持手段，以及许多的软件工具等。

同时，从事适航取证和适航审定的工程师也面临诸多困境。根据"适航就是数据，数据就是安全"这一原则，大家普遍感到电传飞行控制系统的适航问题找不到切入点，抓不住关键问题，也难以把握适航的证据或数据，对符合性的判定更是缺乏相应的经验。适航工作中出现了关注过程活动和底层失效事件多，关注系统行为和系统的适航性较少的情况，这或许与我国民机电传飞行控制系统的开发方法、开发过程等与国外存在较大的差异有关，与开发经验较少和电传飞行控制系统的典型适航性特征把握不够有关，当然也与相关关键技术的缺失有关。

本章中，将对电传飞行控制系统开发中的典型适航性问题进行阐述，目的是在前面章节的基础上，能够结合具体的飞机型号开发，把握电传飞行控制系统的关键系统行为和适航性特征。

6.2 共模问题

对于共模失效，局方关注的是由相同的、冗余部件的通道和网络设备设计实现的关键功能更易受到通有设计错误的影响，继而导致灾难性的或危害性的飞机级故障的发生。

依据 ARAC 推荐的 AC 25.1309 Arsenal，尽管不能将错误看作是故障，但错误可能导致故障。在高度复杂且综合化的系统环境中,应当关注单个通有的设计错误在多个、相同部件中出现,继而导致危险或灾难性的失效状态。

AC 25.1309 Arsenal 的 11.b(1)节表明,"根据第 25.1309b(1)(ii)条的要求,一个灾难性的故障状态不能由系统中单个部件、组件或要素引起。系统设计中应有故障抑制措施来抑制单点故障影响的传播,从而消除灾难性故障状态。另外,不应存在同时影响多个部件、零件、要素及其故障抑制功能的共因故障。

对局方来说,飞机必须满足 FAR 25.1309 - 1B 的要求。依据 FAR 25.1309 - 1B,不管采用了什么样的高可靠性的实现技术,均不接受由单个通道实现的功能丧失的概率小于 10^{-9} 的情况。同时,飞机也必须满足 FAR 25.671。所以,在实践中对飞行关键功能余度通道失效的探测、识别和隔离技术应表明其功能丧失概率小于 10^{-9}(在所有可能的故障或失效情况下,功能可用性和连续性必须满足飞机的继续安全飞行和着陆)。

申请人可以采用非相似的软件和硬件的余度架构,或任何其他的故障或失效影响减缓策略,包括失效-安全设计技术,如转到备用独立功能等,但必须达到上述适航要求。

6.3　电传系统设计的完备性及适航审定考虑

6.3.1　完备性考虑

设计极端可靠的飞机系统要处理两个主要的可靠性因素:物理部件失效和设计差错。物理部件失效可以采用余度和表决的办法来处理。设计差错是在开发阶段而不是运行阶段引入的。设计差错问题包括系统规范中的问题、规范与设计之间不一致的问题、硬件和软件设计实施中的问题等。鉴于完备性无法量化,必须专注于正确的设计和实施,而不是在产品制造出来以后做定量分析的方法去开发。

因此,系统设计的完备性,根据系统设计流程,主要考虑如下几个方面:

1) 系统设计的流程保证

在系统设计过程中应遵循 ARP 4754A、ARP 4761、DO - 178C、DO - 254 等标准,依据 CCAR 25 和相关专用条件等,进行系统设计规范的实施、软硬件开发等。系统的确认和验证,已在第 2 章做过介绍。

2) 系统初步设计

系统设计时应考虑基本设计需求和目标、适航要求、安全性要求、可靠性要求、维修性要求等。结合人-飞机-飞行环境组成的系统,可分为电传飞行控制系统和控制律两个方面,分别考虑电传飞行控制系统各子系统设计和控制律设计的完备性。

(1) 适航要求。

飞机设计时考虑到应能获得中国民航总局、美国联邦适航审定局和欧洲联合适航审定局的批准。飞行控制系统应根据现行有效的 CCAR25/FAR25/CS - 25 部进行适航,且在设计结束前考虑详细所有 FAR 修正案及 FAA 和 EASA 的专用条件和问题纪要。

电传飞行控制系统应能满足所有电传飞行控制类飞机的适航要求,所选用的货架产品应具有一定期限内的持续适航能力。

（2）安全性要求。

飞机飞行控制系统及其子系统应根据 SAE ARP4761 进行安全性评估。AC25.1309 要求的危险和灾难要求应满足,每个部件的可靠性应支持系统安全性分析,每个部件的维护任务应支持安全性分析,综合事件导致的重大潜伏故障降低到最少,对于危险性或灾难性故障影响的最大故障暴露时间应受到 CMR 的控制。

飞行控制系统安全性分析应考虑不同的系统输入和系统接口对系统操作的影响,如液压系统、电源系统、大气数据系统、导航系统、刹车系统、机组告警系统、飞行管理系统、中央维护系统等。

飞行控制系统架构设计应最大限度考虑与飞机主要危险源,如高能转子爆破非包容区、鸟撞、火、轮胎爆破的隔离,进而将危险源引起的系统关键功能丧失降低到最小。

飞行控制系统方案必须考虑任何潜伏故障的影响,导致重大安全事件的重大潜伏故障应尽一切可能消除。考虑重大潜伏故障后,一次飞行中的继发故障不论其潜在还是显性,都应在方案中组合,且其不应导致灾难性影响,除非这一故障与前一故障的组合表明为极不可能。

飞行控制系统及其子系统,一次飞行中任何单个因素、部件或连接器,不论其故障概率有多小,此类单点故障不应导致灾难性影响。

造成灾难性或危险性故障影响的最小割集中的单点明显事件故障率应小于 1×10^{-6}/飞行小时或小于 1×10^{-4}/飞行小时。

两个或更多的显性故障与潜在的功能组合时,造成灾难或危险的影响的每个显性故障的概率不应大于 1×10^{-3}/飞行小时。

飞行控制系统应设计成故障不会从系统的一个部分传播到另一部分。该要求适用于硬件、软件和系统。采用故障隔离技术限制故障影响的传播。系统级故障影响的隔离应是鲁棒性的隔离,包括系统个别部件内的故障识别与和隔离,以便将故障对飞机性能的影响减到最小。同时,应考虑由于共同原因可能引起的故障及其级联故障。

飞行控制系统部件安装布置应满足区域安全性要求。共模故障不应影响飞行控制系统安全。复杂电子应考虑非相似,确保飞行控制系统最小控制构型等。

（3）可靠性要求。

飞行控制系统尽量采用有成功使用经验的现成技术,并做好部件设计方法和材料选择。满足平均故障间隔时间（MTBF）要求,满足飞机派遣率的目标。

（4）维修性要求。

利用机内自检测（BIT）和中央维护计算机提高维修能力。系统应有容错功能,且只要可能,任何所需的维修工作能推迟到标准服务周期的结束。飞行控制系统执行的维护功能应提供(半)自动系统测试、自诊断和零位调整,使组装时间和使用中回程起飞准备时间最短。飞行控制系统的设计应保证实现在客户支持协议中规定的平均维修时间和维修人时/飞行小时。

3)组件设计与开发

电传飞行控制系统的子系统和组件主要包括:驾驶员控制装置,如侧杆、方向舵脚蹬、减速板和襟翼/缝翼控制手柄、作动器控制装置、作动器、传感器、飞行控制计算机、总线和软件等。

6.3.2 适航审定的考虑

目前,采用电传飞行控制系统的民机大都包含了以下技术专题(有的内容也涉及飞机的其他系统):飞行包线保护;侧杆控制器;放宽静稳定性;电传飞行控制系统与飞机结构之间的互相影响;系统安全性评估;雷电的间接影响和电磁干扰;控制信号传输的完整性;电源;软件验证和文档编制,自动代码生成;系统确认;专用集成电路等。

电传飞行控制系统已成为典型的复杂机电系统,需要同时考虑能源、物料和信息的加工和传递,需要实时处理大量的计算和逻辑运算数据,更需要实现高可用性和高安全性目标。除常规的飞行控制系统适航审定工作,为解决电传飞行控制系统的新技术路径,局方将采用如下的专题工作:系统安全性评估;电传飞行控制系统中的子系统或组件的开发;控制律设计。

1)系统安全性评估

对于安全性评估,现在主机单位往往是做系统集成,飞机主要系统均由供应商提供,相应系统的 PSSA、SSA 也由供应商提供。审定方除关注系统安全性评估各阶段分析的正确性与完整性,建议重点关注:①安全性评估报告的严谨性,要做到有据可查,描述明确,经得起历史的考验(如相关引用文件改版,建议在系统级 FHA 中给出功能树,警告功能与主通道故障先后顺序应分开讨论,电源短暂中断本身不是故障但可能造成其他系统故障,哪些安全性分析不是由第 1309 条负责);②飞机级 FHA,PASA(ARP 4754A 提出的要求);③系统级 FHA 和 PSSA 中与其他系统有交联部分的内容;④与多个飞机系统有关的功能的安全性评估。如航电系统,几乎与全部机载系统均有交联,要做到相关的功能都有系统负责分析。

特定风险分析是相关资料中提到较多在安全性评估中应注意的。据统计,2010年我国民航发生事故征候 221 起,其中运输航空 196 起,通用航空 14 起。按事件类型统计,鸟击 109 起,占 49%;雷击 24 起,外来物击伤 24 起,各占 11%,发动机停车 18 起。2009 年发生次数最多的事故征候鸟击占 44%,发动机停车 15%,雷击 10%。说明鸟击、雷击、外来物撞击等特定风险占有很大比例,且有继续上升的趋势。特定风险分析是要重点关注的,同时对于系统集成商来说,CMA 和 ZSA 的正确性、完整性也是需要局方特别关注的。

2) 子系统开发

侧杆或杆/盘控制器、指令信号传输的完整性、电源、电磁干扰、软件验证和文档编制、系统需求的确认、专用集成电路可归为子系统或组件开发时予以考虑。任何一个航空设备开发项目中,无疑有大量的工程设计工作。局方较为关注的问题是系统需求、安全性评估、环境合格审定、软件质量保证、复杂硬件设计质量保证等。

(1) 侧杆。

对于传统的驾驶杆盘,控制舵面的偏转角度与其输入成比例关系,如果飞行控制杆回到中立位置则舵面也将返回中立位置,飞机依靠其自身稳定性也将回到平衡位置。若飞行员希望保持一定的飞行姿态,只能通过不断地飞行控制驾驶杆(盘)或对舵面进行配平。侧杆的输入指令与飞机的姿态角而不是舵面偏转角的变化速率成比例关系,该系统本身具有自动配平、姿态保持和稳定功能。即当侧杆飞行控制飞机到达要求的姿态,飞行员只需释放侧杆,侧杆回到中立位置即意味着告知计算机当前的飞行轨迹没有变化(姿态角变化速率为0),飞机将自动保持姿态,不再需要飞行员进一步的飞行控制输入。

侧杆采用电子耦合方式,CCAR/FAR/JAR-25没有说明这类控制器对飞行员力量及操作力的要求;CCAR/FAR/JAR-25没有规定A/P快速释放控制器的配置和方式,而具有FBW和A/P的飞机通常都把该控制器置于侧杆控制器手柄上;CCAR/FAR/JAR-25没有对侧杆控制器的飞行品质符合性进行规定。

(2) 人为因素。

美国国家运输安全委员会(NTSB)发布的年度飞行事故数据分析显示,自1997年以来,大约80%的飞行事故都涉及由飞行员或是地面操作人员引发的人为错误,约50%的事故受到恶劣天气等环境因素的影响,20%是飞机本身存在问题。

下面列举几个人为因素导致空难的例子:

1993年7月23号,从银川飞往北京的BAe146-300型飞机在银川机场未能离地,冲出跑道,造成机上112人中56人死亡,事故原因:①飞行员违反规定,起飞前未按规定念检查单,也没看襟翼指位表的指示;②飞行员未放襟翼于起飞位置,在襟翼未放出的情况下起飞,造成滑跑距离长,飞机拉不起来,冲出跑道,发生事故。

1993年4月6日,一架MD-11型飞机,执行北京至洛杉矶航班。在距美国阿拉斯加州谢米亚以南大约950 n mile的巡航飞行中,飞机的前缘缝翼意外放出。飞机经过几次猛烈的俯仰颠簸,失去高度5000 ft。在此期间,自动驾驶断开,机长手动飞行控制飞机,恢复稳定飞行后,改飞谢米亚美国空军基地备降,飞机正常降落。由于几次猛烈颠簸,飞机客舱内部设施,包括座椅、顶板等大面积损坏。机上16名机组人员中有7人受重伤,而248名乘客中,有2人死亡、重伤53人、轻伤96人。1999年10月17日,执行昆明—香港航班的波音B757型飞机,发生了同类型差错。飞机在下降过程中,突然上仰随后又下俯;自动驾驶仪自动脱开并发出警告,数秒钟内,飞机从21000 ft俯冲到19000 ft。结果,该航班的160位乘员中,有47人不同程度受伤。事件调查结论表明,某机型的襟翼操作手柄存在设计缺陷,容易让机组无意识中移出而放出前缘缝翼。

　　1994 年 6 月 6 日,原中国西北航空公司所属的 TY-154M 型飞机执行航班任务。起飞之后飞机发生飘摆,机组无法控制,约 10 min 后飞机空中解体坠毁。机上 146 名乘客和 14 名机组人员全部遇难身亡。此次事故的直接原因是维修人员在更换 ПKA-31 安装架时,将倾斜阻尼插头(Щ7)和航向阻尼插头(Щ8)相互错插,地面通电试验检查不出故障,导致该机带着错插线路故障起飞。按 TY-154《飞机飞行手册》第 8.8.3 条的规定,解除飘摆状态必须同时关断"航向""倾斜"和"俯仰"阻尼器。从飞行试验结果看,关断阻尼器后飞机是可控的,但是飞行员没能按照这一要求去做。遗憾的是在机长命令检查工作舵机及应急检查单时,机组成员中有人主张断开全部舵机,也有人认为不能断开舵机。而同样发生在俄方的数起事件中,俄方驾驶员轻而易举地进行了处置,即断开上述三套系统的全部控制电门,让飞机处于驾驶员人工操控状态,因此而没有损失任何飞机和乘员。

　　1992 年 7 月 31 日,原中国通用航空公司所属的雅克-42 型飞机,执行南京至厦门航班,在南京大校场机场冲出跑道,机上 126 人中 109 人死亡、17 人受伤。此次事故的直接原因是飞行员未把全动式水平尾翼调到与飞机重心相适应的角度起飞,致使该机起飞滑跑过程中始终未能离地,最终造成冲出跑道,飞机解体。根据该航班飞机的起飞全重和重心位置,该机起飞前必须将平尾调到 -10.3° 位置,而当时是在 0.2°。按雅克-42 型《飞机使用手册》,平尾在 1° 至 -5° 范围内,飞机是拉不起来的,这就是滑跑起飞的飞机未能离地的主因。此外,该机的驾驶员在未按程序调对平尾位置的情况下,又盲目地解除了飞机的"起飞警告"。失去不正常起飞状态警告的提示作用,也是本次重大航空事故的重要原因。

　　上述例子表明,人为因素导致的事故往往是因为飞机设计而导致的问题,飞机设计时应考虑驾驶员-飞机-飞行环境组成的系统。如驾驶员诱发振荡,主要原因是飞机设计(特别是飞行控制系统)中存在不足导致驾驶员与飞机之间出现了不良耦合造成的。

　　3) 控制律设计

　　上述飞行包线保护、静稳定性、电传飞行控制系统与飞机结构的互相影响,除了飞机设计,还与控制律的设计有关,分析如下。

　　(1) 正常过载限制。

　　典型的机动包线,如图 6-1 所示($V-n$ 图),边界上和边界内的空速和载荷系数的任一组合,均必须满足强度要求。在 CCAR 25.1501 中规定的飞机结构使用限制时也必须采用此包线。

　　飞行包线图中各项含义如下:

　　A 点:飞机处于大迎角下达到的正限制载荷系数;

　　D 点:飞机处于小迎角下达到的正限制载荷系数;

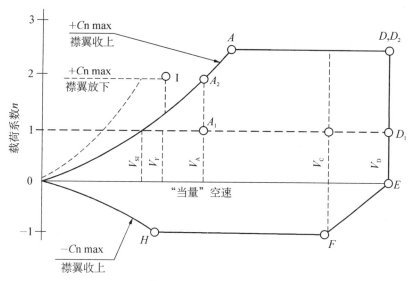

图 6-1 飞 行 包 线

H 点：飞机处于大负迎角下达到的负限制载荷系数；

F 点：飞机处于小负迎角下达到的负限制载荷系数；

D_2、D_1 和 E 点：表示在飞机最大俯冲速压下结构局部强度的最大受载情况；

V_C：设计巡航速度；

V_D：设计俯冲速度。

根据飞机结构强度设计及飞行包线的设计投入到商业运行的 A320《飞机飞行手册》规定了飞机正常操作时的机动载荷限制值。缝翼和襟翼都收起：$-1g$ 至 $2.5g$；缝翼放出，襟翼收起：$-1g$ 至 $2.5g$；缝翼和襟翼都放出：0 到 $2.0g$。

(2) 非正常飞行状况。

对于飞行包线的设置没有特定的要求，但必须满足以下条件：

(1) 一般限制条件下的要求。

a. 正常操作：

每一个包线保护机构起始特性的设置必须平稳，而且要与飞机的类型和操作相适应，在驾驶员需要改变航向、速度、高度时不能对其产生相反的影响。

飞机设置的包线保护参数必须与以下一致。

(a) 飞机的结构限制。

(b) 飞机安全操控时的数值。

(c) 临界状态，飞机机动时不能产生危险的状态。机身和系统的耐受性，以及非稳态大气状况，都会产生一个与设计相异的限制值。

b. 故障状态：

飞行控制系统(包括传感器)的故障不能导致降低限制值，从而使得飞机不能获得安全且可控的机动性。

（2）非正常姿态。

为防止产生非正常姿态或导致飞机参数偏离正常包线范围，飞行控制系统包括自动保护功能，不能阻碍飞机回复到原来的正常状态。

（3）超速保护。

§25.1505 对最大使用限制速度 V_{MO} 做出说明：最大使用限制速度（V_{MO}/Ma_{MO}——空速或 Ma 数，在特定高度取其临界者）指在任何飞行状态（爬行、巡航或下降）下，都不得故意超过的速度，但在试飞或驾驶员训练飞行中，经批准可以使用更大的速度。V_{MO}/Ma_{MO} 必须定为不高于设计巡航速度 V_C，并充分低于 V_D/Ma_D 或 $V_{DF}Ma_{DF}$，使得飞行中极不可能无意中超过后一速度。V_{MO}/Ma_{MO} 与 V_D/Ma_D 或 V_{DF}/Ma_{DF} 之间的速度余量不得小于按第 25.335(b) 节确定的余量，或按第 25.253 节进行试飞时认为是必需的余量。

第 25.335(b) 节设计俯冲速度 V_D 必须选定 V_D 以使 V_C/Ma_C 不大于 $0.8V_D$/Ma_D，或使 V_C/Ma_C 和 V_D/Ma_D 之间的最小速度余量是下列值中的大者：

a. 从以 V_C/Ma_C 定常飞行的初始情况开始飞机颠倾，沿着比初始航迹低 7.5°的飞行航迹飞行 20 s，然后以载荷系数 1.5（0.5g 的加速度增量）拉起。只要所使用的气动数据是可靠的或保守的，则上述机动中出现的速度增量可采用计算值。开始拉起之前假定具有第 25.175(b)(1)(iv) 条规定的功率（推力），开始拉起时可以假定功率（推力）减小并使用驾驶员飞行控制的阻力装置。

b. 最小速度余量必须足以应付大气条件的变动（例如，水平突风和穿过急流与冷峰），以及应付仪表误差和飞机机体的制造偏差。这些因素可以基于概率来考虑。但是在 Ma_C 受到压缩性效应限制的高度上，该余量不得小于 $0.07Ma$，除非用合理的分析考虑了所有自动系统的影响得到了更低的余度。在任何情况下，该余量不得小于 $0.05Ma$。

当飞机在俯冲过程中，速度大于最大使用限制速度 V_{MO} 或最大使用马赫数 Ma_{MO} 时，A320 的超速保护功能就限制了驾驶员的俯冲飞行控制权，使飞机不再做俯冲，将速度恢复到最大使用限制速度 V_{MO} 内。

第 25.235 节（滑行条件）当飞机在正常运行中可合理预期的最粗糙地面上滑行时，减震机构不得损伤飞机的结构。

专用条件：俯冲速度定义：

从小于 V_C/Ma_C 的初始情况开始，推力状态为保持该速度的水平定常飞行，飞机颠倾，沿着比初始航迹低 15°的飞行航迹（或者小于 15°，根据飞控系统允许的最大低头操纵权限实现最大的低头姿态）俯冲加速超过 V_C/Ma_C。然后高速、大姿态或其他告警系统触发后 2 s，以载荷系数 1.5g 拉起（0.5 的加速度增量），或者松杆状态下系统自动地以更大过载系数拉起。开始拉起时假定推力或功率减小，并且可以使用任何其他的再高速飞行要动过程中可以适用的减速装置。飞行员的连续操纵与自动系统的时间间隔不小于 1 s。

4）纵向静稳定性

C^* 准则用于飞行品质评价，按飞行员熟悉的参数确定飞机短周期飞行品质，飞行员通常是根据指令和扰动输入产生的飞机动态响应评价飞机的飞行品质，C^* 准则是一种随时间变化的动态响应要求。这种响应被认为主要是低速飞行控制品质参数的飞机俯仰角速度与高速飞行控制品质驾驶员位置处的法向加速度的组合。优点在于由于飞行员在飞行中实际飞行控制和感受的是 C^* 参数，所以 C^* 准则比较真实和直接地表达了飞行员所希望的飞行品质要求。只要算出它的 C^* 参数的时间过渡过程，便可与所要求的包络线边界进行对比检查，只要时间响应曲线没有超出准则的边界线就认为是满足要求的。

适航要求的静稳定性为获得并维持低于所规定的配平速度的速度，必须用拉力，为获得并维持高于所规定的配平速度的速度，必须用推力（侧杆-迎角）。

杆力-速度曲线的稳定的平均斜率不得低于 1 N/1.3 kn（1 kg/13.2 kn；1 lbf/6 kn）。

基本上飞机的爬升，巡航等阶段都需通过杆力加以配平且杆力-速度曲线均必须具有稳定的斜率。

静稳定到静不稳定后可通过驾驶员的手动操作如侧杆操作来使飞机稳定，依然可控。

A320 是第一架放宽静稳定度设计的民用客机，放宽静稳定度的飞机，气动中心可以很靠近重心也可以重合，甚至在重心的前面，飞机的稳定度变得很小甚至不稳定，飞行中主要靠主动控制系统（即自动增稳系统）主动控制相应舵面，保证飞机的稳定性。这时为保持平衡只需要较小的甚至向上的平尾升力去平衡翼身组合体的正俯仰力矩（机头向上的力矩）。但是为配平由于翼身组合体升力升起的负俯仰力矩所需要的尾翼向下载荷比普通飞机要小，因而就可以大大减少尾翼尺寸和重量，使其在超声速状态也具有较高的升力，大幅提高飞机性能。

5）大迎角保护

A320 具体的大迎角保护措施：在正常飞行状态下，当迎角增大时，飞机的速度逐渐减小。当速度减至自动油门接通时的最小速度时，此时自动油门若未断开，则该速度对应的迎角已为最大。如果自动油门断开，则飞行员可继续向后拉杆使迎角增大，速度继续减小直至达到第一级保护速度。如果此时飞行员仍继续拉杆，则迎角仍可继续增大，速度继续减小直至达到最大迎角保护速度，该速度对应的迎角已达到极限。如果此时飞行员松开侧杆，则飞机速度会自动返回到第一级保护速度，这样可以有效防止飞机失速。

失速速度（V_S）是飞机可以飞行控制的正常飞行（状态不变）的最小速度。当飞机速度小于失速速度时，机翼上表面出现气流分离现象，使升力系数降低 $V_S = \sqrt{\dfrac{W/S}{0.5\rho Cl_{max}}}$。

（1）在此失速速度时，推力为零，或者，如果所产生的推力对失速速度没有显著影响，则发动机处于慢车状态并收回油门。

（2）螺旋桨桨距飞行控制装置（如果装有）处于符合本条（1）所需位置，而该飞机在其他方面（如襟翼和起落架）处于使用 V_S 进行试验所具有的状态。

（3）重量为以 V_S 作为因素来确定是否符合所要求的性能标准时采用的重量。

起飞速度（V_2）：飞机在一台发动机失效时到距离地面上空 35 ft 时所达到的速度。$V_2 \geqslant 1.1 V_{MCA}$，$V_2 \geqslant 1.2 V_S$ 用于①双发和三发涡轮螺旋桨和活塞发动机飞机；②无措施使单发停车带动力失速速度显著降低的涡轮喷气飞机（V_{MCA} 为空中最小飞行控制速度）。

空中最小飞行控制速度 V_{MCA}：是指飞机在空中临界发动机突然失效时，在该发动机保持不工作的情况下，可恢复飞机控制，并且以零偏航或坡度不大于 5°，保持直线飞行的最小速度。

在下列条件下，V_{MC} 不得超过 $1.2 V_S$：

（1）发动机处于最大可用起飞功率（推力）状态。

（2）重心在最不利的位置。

（3）飞机按起飞状态配平。

（4）海平面最大起飞重量（或验证 V_{MC} 所需的任何较小的重量）。

（5）飞机处于腾空后沿飞行航迹最临界的起飞形态，但起落架在收起位置。

（6）飞机已腾空，地面效应可忽略不计。

（7）停车发动机的螺旋桨按适用情况处于下列状态之一：

a. 风车状态；

b. 在对于该螺旋桨飞行控制装置的特定设计最可能的位置；

c. 如果飞机具有表明符合 §25.121 的爬升要求时可接受的自动顺桨装置，则顺桨。

失速速度使用以下方式获得最小速度：配平飞机使其以 $1.2 V_S \sim 1.4 V_S$ 的速度做直线飞行，在高于失速速度并保证定常飞行状态的速度上，飞行控制升降舵，其飞行控制速率使飞机的速度降低不超过 1 kn/s[1 节（kn）＝1 n mile/h＝1852/3600 m/s，是速度单位]。

满足第 25.203 条飞行特性规定：①直到飞机失速时为止，必须能飞行控制副翼和方向舵产生和修正滚转及偏航，不得出现反飞行控制现象，不得出现异常的机头上仰，直到失速以及在整个失速过程中，纵向飞行控制力必须是正的，此外，必须能以正常的飞行控制迅速防止失速和从失速中改出；②对于机翼水平失速，在失速和完成改出之间发生的滚转不得超过 20°；③对于转弯飞行失速，飞机失速后的运动不得过于剧烈或幅度过大，以致难以用正常的驾驶技巧迅速改出并恢复对飞机的飞行控制。改出期间出现的最大坡度不能超过：

（a）对于小于并直到 1 kn/s 的减速率的情况，在原转弯方向大约 60°，或相反方

向大约 30°;

(b) 对于超过 1 kn/s 的减速率的情况,在原转弯方向大约 90°,或相反方向大约 60°。

6.4 舵面震荡问题

俯仰舵面的急偏或震荡是飞行控制系统设计中需要考虑的一种典型故障模式,该模式将导致不安全的飞行轨迹或结构失效,从而妨碍飞机的继续安全飞行和着陆。

造成该种场景模式最大的贡献者通常是输出震荡指令的 ACE 某种失效模式;其次需关注的是姿态测量或惯性导航等系统上的(俯仰速率)失效,其错误的输出被标记为是有效的,产生了升降舵的震荡指令;随后是 ACE 的可以探测出的某种失效,如以 G 载荷机动和外部多样化的俯仰速率组合的形式等驱动的能量控制单元(PCU)急偏。

在飞行控制系统常用的运行模式,如正常模式、辅助模式及直接模式下,如果失去俯仰增强的功能,也可能引发潜在的俯仰震荡。如果布置有两个 PCU 的飞行控制面的其中一个 PCU 震荡,另一个无故障的 PCU 尽管将极力阻止飞行控制面的震荡,但是,最终该飞行控制面仍将震荡。所以在设计中,应考虑识别出 PCU 的震荡失效模式。

失去升降舵的飞行控制的力感觉功能有可能导致飞行员诱发震荡或者过飞行控制。

6.5 最小可接受控制的定义

本节展示了最小控制面权限的一种定义。利用在可工作的 PCU 数量,评估出能够连续安全飞行和着陆的最小可接受控制权限,这些定义常适用于所有飞行控制系统运行模式。对于 B777 飞机,其 MAC 定义如下:

6.5.1 俯仰

1) 正常模式

(1) 若自动卸载不运行,则每个升降舵有一个 PCU(全压);

(2) 若自动卸载运行,一侧升降舵有一个 PCU(全压)。

2) 直接或辅助模式

(1) 一个升降舵上和人工或通道台配平各有一个 PCU(全压);

(2) 如果水平安定面配平不能工作,则每个升降舵有一个 PCU(全压)。

3) 所有模式

各升降舵有一个 PCU(全压)或,如果两对外侧扰流板对(但是不超过两对)和无内侧扰流板工作,则某一个升降舵上有两个 PCU。

4) 升降舵面卡阻(旋转时,更糟的情况)

非卡阻升降舵和正常水平安定面控制具有两个 PCU。

6.5.2　滚转

1）发动机停车下的起飞/复飞（V_{mcg}，$V_1 \sim V_{2+15}$）

各副翼和 4 对扰流板（至少一对是内侧的）具有一个 PCU。

2）副翼和扰流板锁定（高速下）

（1）两对扰流板（一对是外侧的）工作；

（2）各襟副翼上有一个 PCU 并且一对外侧扰流板工作。

3）副翼不锁定（低速下）

（1）每个襟翼上具有一个 PCU，并且两对扰流板工作（至少一对是外侧的）；

（2）每个副翼上具有一个 PCU，并且两对扰流板工作（至少一对是外侧的）；

（3）在一个副翼上有一个 PCU 和另一侧机翼襟副翼有一个 PCU，并且两对扰流板工作（至少一对是外侧的）。

4）L. E. 或 T. E. 不对称或缝翼控制板的丢失

要求全横向控制。

6.5.3　偏航

1）发动机停车下的起飞/复飞（V_{mcg}，$V_1 \sim V_{2+15}$）

两个 PCU（全压）。

2）其他（抗 20 kn 侧风能力）

一个 PCU（全压）。

3）方向舵控制卡阻（10 kn 侧风能力）

在无发动机失效时保持正常控制。

6.6　低高度下的系统失效导致不安全的飞行轨迹

6.6.1　起飞和着陆情况下系统失效导致不安全的飞行轨迹

起飞和着陆导致不安全飞行轨迹顶事件的发生的原因可能有以下几种：

（1）错误的输入触发倾斜角保护；

（2）错误的水平安定面位置指示和告警电子系统的失效；

（3）失去手轮感觉和手轮回中能力，失去保持手轮处于中心的摩擦力；

（4）任意两对扰流板失效的非对称急偏；

（5）一台发动机失效并结合错误的副翼或襟副翼低垂；

（6）复飞时速度刹车卡阻导致的航迹偏离；

（7）在低高度下错误的失速保护；

（8）方向舵配平失控；

（9）TAC 失效引起的方向舵急偏（相对于 TAC 权限）。

6.6.2 双发停车后拉平控制(DEOFC)

本节涉及一个失效组合下的安全问题,即着陆时双发停车耦合某个接口失效,导致 DEOFC 功能停用。当出现错误的襟翼位置数据或丢失襟翼位置数据等故障时,DEOFC 功能停用,将不能在飞机拉平时修正升降舵的偏差,并导致错误的对地面的操作决策。对于 B777 飞机,因为低燃油量下的机组程序指示机组人员用襟翼 20°着陆并且在襟翼 20°着陆时并没有要求 DEOFC 满足性能需求,一个 9 h 飞行段中存在着陆阶段 6 min 发生双发停车的暴露时间。襟翼展开超过 20°后,必定发生的双发停车事件,使得失去 DEOFC 导致灾难级事件。

6.7 着陆时造成飞机的不安全飞行轨迹或飞机冲出跑道的失效

着陆时的危害情况往往由不安全的飞行姿态或者飞行轨迹所致,表现为非跑道着陆和冲出跑道,多数情况下是在有侧风时系统的失效造成了偏航的控制能力小于了偏航的 MAC 能力。最可能的失效组合是小侧风下(如 10 kn)方向舵脚蹬卡阻、双液压动力的失去等。

值得注意的是,在理想的状况下,飞行员可能在整个飞行任务期间都没有操作过方向舵脚蹬,因此,发生脚蹬及方向舵失效的时刻极可能在执行飞行任务的早期,而不是在必须利用偏航控制功能的飞机着陆阶段,在型号飞机不设计失效侦测并通告的情况下,按着陆阶段时间计算失效的暴露时间有可能是错误的,按整个飞行时间作为暴露时间的计算是一种局方可以接受的保守的办法。

6.8 导致不安全飞行路径的多轴或多功能故障

飞行控制系统的功能通常是按三轴定义的,需要考虑同一时刻由于不止一个控制轴(俯仰、滚转、偏航)或不止一个功能发生故障的组合情况,以及该组合情况对飞机安全的影响。

空地逻辑的计算将提供一个信号给飞行控制系统,已决定俯仰轴控制率采用地面模式还是空中模式运行。如果空地逻辑发生错误,当飞机仍在空中时,给出了未通告的错误的飞机在地面的信号,主飞行控制将测试模式或者进入软件数据加载或者关掉俯仰增稳等功能。

如果型号飞机未设计空地逻辑错误的通告手段,计算失效的暴露时间应采用整个任务飞行小时数。

6.9 正常模式的可用性

尽管发生模式转换不是安全性分析的顶事件,但需要分析造成主飞行控制系统跳出正常模式运行的可能的底事件,已获得飞行控制系统的正常模式运行可用性。

跳出正常模式可能发生在一系列条件时,如 AOA 数据无效、惯性数据无效、大气数据无效、飞行员选择直接模式、飞行员操作信号失去等,以及主要的 ACE 不工作(主要的指必须工作的 ACE 数目)。这些底事件在飞行控制系统的架构设计或安全性分析中是容易识别的,但还存在其他的失效组合触发飞行控制系统跳出正常模式,需要在设计过程中识别并验证,典型的如飞行控制计算机失效、数据总线故障、指令通道被禁止等。

值得注意的是,双发停车后将造成电源的丢失,由此导致皮托管停止加热,从而失去大气数据,跳出正常模式运行。国外飞机设计中,将双发失效后失去正常模式作为预期的后果,不是用 FTA 的办法来分析和解决的,而是作为飞行控制功能没有失去的辅助模式运行,并演示给局方,表明双发失效后飞机能够继续安全飞行和着陆。

6.10　电传飞行控制系统的适航验证试验

对于电传飞行控制系统而言,某些失效条件(及功能丢失或系统故障)需要通过飞行试验或飞行模拟机试验进行确认。由于安全问题,那些试验需要在飞机上完成或者可以在飞机上完成,一直存在争论。这里总结了国外主机厂的一些做法,给出可以或需要在飞机上完成的试验科目。

表 6‐2　飞行控制系统失效的飞行试验科目

序号	失效条件	飞行控制品质要求
1	直接模式运行	合适的
2	失去一个飞行控制计算机	满意的
3	辅助模式运行	合适的
4	襟翼非对称	合适的
5	缝翼非对称	合适的
6	襟翼上反(预计角度)	合适的
7	升降舵力感作动器压力低	合适的
8	内侧扰流板极偏	合适的
9	单个液压系统失去	满意的
10	双液压系统失去	合适的
11	放 RAT 运行	合适的
12	失去全部雷达高度	合适的
13	失去左或右 WOW 信号	满意的

参 考 文 献

［1］宋翔贵,张新国,等.电传飞行控制系统[M].北京:国防工业出版社,2003.

［2］HB 6486 - 2008 中国航空工业标准,飞机飞行控制系统名词术语[S].

［3］高金源.飞机电传操纵系统与主动控制技术[M].北京:北京航空航天出版社,2005.

［4］《飞机设计手册》总编委会.《飞机设计手册》04 册:《军用飞机总体设计》[M].北京:航空工业出版社,2005.

［5］鲁道夫·布鲁克豪斯.飞行控制[M].北京:国防工业出版社,1999.

［6］郭锁凤,申功璋,吴成福,等.先进飞行控制系统[M].北京:国防工业出版社,2002.

［7］《飞机设计手册》总编委会.《飞机设计手册》12 册:《飞行控制系统和液压系统设计》[M].北京:航空工业出版社,2003.

［8］Ian Moir, Allan Seabridge. 民用航空电子系统[M].范秋丽,译.北京:航空工业出版社,2009.

［9］Favre C. Fly-by-wire for commercial aircraft: the Airbus experience [J]. International Journal of Control, 1994,59(1):139 - 157.

［10］Rolf Stüssel. The Airbus family progress and set-back in development of european commercial aircraft [J]. AIAA/ICAS International Air and Space Symposium and Exposition, AIAA 2003 - 2884,2003,6:14 - 17.

［11］Philippe Goupil. Airbus state of the art and practices on FDI and FTC in flight control system [J]. Control Engineering Practice, 2011(19):524 - 539.

［12］Aplin J D. Primary flight computers for the Boeing 777 [J]. Microprocessors and Microsystems, 1997,20:473 - 478.

［13］Henning B,Robert M, Munir O, et al. 777 flight controls validation process [J]. IEEE Transactions on Aerospace And Electronic Systems, 1997,33(2):656 - 666.

［14］Society of Automotive Engineers. Guidelines for Development of Civil Aircraft and Systems [C]. SAE ARP 4754A, 2010.

［15］Society of Automotive Engineers. Guidelines and Methods for Conducting the Safety Assessment Process on Civil Airborne Systems and Equipment [S]. SAE ARP4761,1996.

［16］中国民用航空局航空器适航审定司.AP - 21 - AA - 2011 - 03 - R4 航空器型号合格审定程序[S].2011.

［17］中国民用航空总局.CCAR21 R3 民用航空产品和零部件合格审定规定[S].2007.

［18］ 中国民用航空局.CCAR25 R4 运输类飞机适航标准［S］.2011.

［19］ 朱亮,黄铭媛,欧旭坡,等.民用运输类飞机电子飞行控制系统适航审定关键技术分析［C］.上海:2010 中国制导、导航与控制学术会议,2010.

［20］ 朱亮.提升系统工程能力,实现民航强国之梦［J］.中国空管,2012,5:55－59.

［21］ 朱亮,张建鹏.“豁免”“专用条件”“等效安全”在适航管理中的差异［J］.中国民用航空,2012,12(144):67－69.

［22］ Federal Aviation Administration. Special Conditions:Airbus Industrie Model A320 Series Airplane［S］. Docket No. NM－26;Special Conditions No. 25－ANM－23,1988.

［23］ Federal Aviation Administration. Special Conditions:Boeing Model 777 Series Airplanes ［S］. Docket No. NM－79;Special Conditions No. 25－ANM－78,1993.

［24］ Federal Aviation Administration. Special Conditions:Airbus Model A380－800 Airplane ［S］. Docket No. NM305;Special Conditions No. 25－316－SC,2006.

［25］ Federal Aviation Administration. Special Conditions:Airbus Model A380－800 Airplane ［S］. Docket No. NM340;Special Conditions No. 25－318－SC,2006.

［26］ European Aviation Safety Agency. Airbus A380 Type Certification Data Sheet［S］. TCDS A. 110,2006.

［27］ Avner Engel. Verification,Validation,and Testing of Engineered Systems［M］. London:A John Wiley & Sons. ,INC. ,2010.

［28］ 朱亮,韩冰冰,黄铭媛.民用航空产品研发和审定活动中的需求分析与管理问题研究［J］.2013,109:53－56.

［29］ Electronic Industries Alliance. Processes for Engineering a System,ANSI/EIA－632－1998 ［S］.1998.

［30］ Defense Acquisition University. System Engineering Fundamental ［M］. Fort Belvoir:Defense Acquisition University Press,2001.

［31］ INCOSE. Systems Engineering Handbook,version 3. 2. 2［M］. San Diego,CA,USA:International Council on Systems Engineering (Incose),Incose－TP－2003－002－03. 2,2012.

缩　略　语

ACE	actuator control electronics unit	作动器控制电子装置
ACT	active control technology	主动控制技术
ADIRS	air data inertia reference system	大气数据及惯性基准系统
AFHA	aircraft functional harzard assessment	飞机功能危害性评估
AFM	Airplane Flight Manual	飞机飞行手册
ALPA	Airline Pilots Association	美国航线飞行员联盟
APU	auxiliary power unit	辅助动力装置
ARAC	Aviation Rulemaking Advisory Committee(FAA)	航空立法咨询委员会
ASA	aircraft safety assessment	飞机安全性评估
ATA	air transport association	航空运输协会
BCAR	the British Civil Airworthiness Requirements	英国民用适航要求
BCM	backup control module	备份控制模块
BIT	built-in test	机内自检测
BPS	buckup power supply	备份电源
CAAC	Civil Aviation Administration of China	中国民用航空局
CAR	Civil Aviation Regulation	民用航空规章
CCA	common cause analysis	共因分析
CDL	configuration deviation list	构形偏离清单
CDR	critical design review	关键设计评审
CL	completeness level	成熟度
CMA	common mode analysis	共模分析
CP	certification planning	审定计划
CR	certification review	适航审定评审
CRES	corrosion resistant steel	不锈钢
CSAS	control stability augmentation system	控制增稳系统
CSF&L	continues safety flight & Landing	继续安全飞行和着陆
CVV	certification validation & verification	适航确认 & 验证
DDR	detailed design review	详细设计评审
DEOFC	double engine out flare control	双发停车后拉平控制

EASA	European Aviation Safety Agency	欧洲航空安全局
EBHA	electrical-backup hydraulic actuator	电备份液压作动器
EFCS	electrical flight control system	电子飞行控制系统
EHA	electro hydrostatic actuator	电动静液作动器
EICD	electrical interface control documents	电接口控制文档
ELAC	eLevator and aileron computers	升降舵和副翼计算机
EMC	electro magnetic compatibility	电磁兼容
EMI	electrical magnetic interference	电磁干扰效应
EWIS	electrical wiring interconnection system	电气线路互联系统
FAA	Federal Aviation Administration	美国联邦航空局
FBL	fly-by-light	光传操纵系统
FBS	functional break structure	功能分解结构
FBW	fly-by-wire	电传操纵系统
FCDC	flight control data concentrator	飞行控制数据集中器
FCE	flight control electronics	飞控电子
FCPC	flight control primary computer	飞行控制主计算机
FCSC	flight control secondary computer	飞行控制主计算机
FCU	power control unit	动力控制装置
FDD	functional description document	功能描述文件
FFR	first flight review	首飞评审
FHA	functional hazard analysis	功能危害性评估
FRD	functional requirement document	功能需求文件
GTAR	the ground test accept review	地面试验接受评审
HAS	hardware accomplishment summary	硬件完成总结
HCI	hardware configuration index	硬件构型索引
HEA	human error analysis	人为错误分析
HIRF	high intense radiation field	高强度辐射场
HLR	high level requirements	顶层需求
HOSP	hardened overspeed protection	硬超速防护
HVP	hardware verification plan	硬件验证计划
ISIS	integrated standby instrument system	综合备份仪表
ITV	integrated test vehicle	集成测试平台
KCCU	key cursor control unit	键盘光标控制装置
LAR	laboratory accept review	实验室接收评审
LAS	load alleviation system	载荷减缓系统
LVDT	linear variable differential transformer	线性可变差动传感器
MAC	minimum acceptable control	最小可接受的控制
MFD	multiple-function display	多功能显示器
MICD	mechnical interface control documents	机械接口控制文档
MMEL	master minimum equipment list	主最低设备清单

MMR	multiple mode receiver	多模式接收器
MTBF	mean time between failures	平均故障间隔时间
NPRM	notice of proposed rulemaking	法规制定提案的通知
NTSB	the National Transportation Safety Board	美国国家交通安全委员会
PASA	preliminary aircraft safety assessment	初步飞机安全性评估
PBS	physical break structure	物理分解结构
PDR	preliminary design review	初步设计评审
PFC	primary flight computer	主飞行计算机
PFCS	primary flight control system	主飞行控制系统
PHAC	plan for hardware aspect certification	硬件适航审定计划
PMA	parts manufacturer approvement	零部件制造人批准书
PRA	particular risk analysis	特殊风险分析
PR	planning review	计划评审
PSAC	plan for software aspect consideration	软件适航审定计划
PSSA	preliminary system safety assessment	初步安全评估
PSSA	preliminary system safety assessment	初步系统安全性评估
QTR	qualification test report	设备鉴定试验报告
RA	radio altimeter	无线电高度表
SAS	software accomplishment summary	软件完成总结
SAS	stability augmentation system	人工阻尼器或增稳系统
SCI	software onfiguration index	软件构型索引
SDD	system design description	系统设计描述
SEC	spoiler and elevator computer	扰流板和升降舵计算机
SFHA	system functional harzard assessment	系统功能危害性评估
SOW	statement of work	系统工作责任分工
SRD	system requirements document	系统需求文件
SSA	system safety assessment	系统安全性分析
STC	supplemental type certificate	补充型号合格证
STS	system technical specification	系统技术规范
TAP	thrust asymmetry protect	推力非对称保护
TC	type certificate	型号合格证
THS	trim horizontal stabilizer	水平安定面
TLARD	top level aircraft requirements document	顶层级飞机需求文件
TLSRD	top level system requirements document	顶层系统需求文件
WBBC	weight and balance backup computation	重量和平衡备份计算
ZSA	zonal safety analysis	区域安全性分析

索　引

大飞机出版工程
书　目

一期书目(已出版)

《超声速飞机空气动力学和飞行力学》(俄译中)

《大型客机计算流体力学应用与发展》

《民用飞机总体设计》

《飞机飞行手册》(英译中)

《运输类飞机的空气动力设计》(英译中)

《雅克-42M和雅克-242飞机草图设计》(俄译中)

《飞机气动弹性力学和载荷导论》(英译中)

《飞机推进》(英译中)

《飞机燃油系统》(英译中)

《全球航空业》(英译中)

《航空发展的历程与真相》(英译中)

二期书目(已出版)

《大型客机设计制造与使用经济性研究》

《飞机电气和电子系统——原理、维护和使用》(英译中)

《民用飞机航空电子系统》

《非线性有限元及其在飞机结构设计中的应用》

《民用飞机复合材料结构设计与验证》

《飞机复合材料结构设计与分析》(英译中)

《飞机复合材料结构强度分析》

《复合材料飞机结构强度设计与验证概论》

《复合材料连接》

《飞机结构设计与强度计算》

三期书目(已出版)

《适航理念与原则》

《适航性:航空器合格审定导论》(译著)

《民用飞机系统安全性设计与评估技术概论》

《民用航空器噪声合格审定概论》

《机载软件研制流程最佳实践》

《民用飞机金属结构耐久性与损伤容限设计》

《机载软件适航标准 DO‐178B/C 研究》

《运输类飞机合格审定飞行试验指南》(编译)

《民用飞机复合材料结构适航验证概论》

《民用运输类飞机驾驶舱人为因素设计原则》

四期书目(已出版)

《航空燃气涡轮发动机工作原理及性能》

《航空发动机结构强度设计问题》

《航空燃气轮机涡轮气体动力学:流动机理及气动设计》

《先进燃气轮机燃烧室设计研发》

《航空燃气涡轮发动机控制》

《航空涡轮风扇发动机试验技术与方法》

《航空压气机气动热力学理论与应用》

《燃气涡轮发动机性能》(译著)

《航空发动机进排气系统气动热力学》

《燃气涡轮推进系统》(译著)

五期书目

《民机飞行控制系统设计的理论与方法》

《现代飞机飞行控制系统工程》

《民机导航系统》

《民机液压系统》

《民机供电系统》

《民机传感器系统》

《飞行仿真技术》

《民机飞控系统适航性设计与验证》

《大型运输机飞行控制系统试验技术》

《飞控系统设计和实现中的问题》(译著)

六期书目

《民用飞机构件先进成形技术》

《航空材料连接与技术》

《民用飞机全生命周期构型管理》

《民用飞机特种工艺技术》

《飞机材料与结构检测技术》

《民用飞机大型复杂薄壁铸件精密成型技术》

《先进复合材料制造工艺》(译著)

《民用飞机复合材料构件制造技术》

《民用飞机构件数控加工技术》

《民用飞机自动化装配系统与装备》

《聚合物基复合材料——材料性能》(译著)

《复合材料夹层结构》(译著)

《ARJ21飞机技术管理》

《新支线飞机设计流程》

《ARJ21飞机技术创新之路》

《驾驶舱人素工程》

《支线飞机的健康监控系统》

《支线飞机的市场工程》

七期书目

《民机航空电子系统综合化原理与技术》

《民用飞机飞行管理系统》

《民用飞机驾驶舱显示与控制系统》

《民用飞机机载总线与网络》

《航空电子软件工程》

《航空电子硬件工程技术》

《民用飞机无线电通信导航监视系统》

《综合环境监视系统》

《民用飞机维护与健康管理系统》

《航空电子适航性设计技术与管理》

《民用飞机客舱与信息系统》